U0308278

寒地稻作授时历

刘克良 主编

中国农业科学技术出版社

图书在版编目（CIP）数据

寒地稻作授时历／刘克良主编 . —北京：中国农业科学技术出版社，
2012. 10

ISBN 978 - 7 - 5116 - 1088 - 1

Ⅰ.①寒… Ⅱ.①刘… Ⅲ.①寒冷地区 - 水稻栽培 Ⅳ.①S511

中国版本图书馆 CIP 数据核字（2012）第 229910 号

责任编辑 贺可香
责任校对 贾晓红 范 潇

出 版 者 中国农业科学技术出版社
北京市中关村南大街 12 号 邮编：100081
电 话 （010）82106638（编辑室） （010）82109702（发行部）
（010）82109709（读者服务部）
传 真 （010）82106650
网 址 http：//www. castp. cn
经 销 者 各地新华书店
印 刷 者 北京富泰印刷有限责任公司
开 本 850mm×1 168mm 1/32
印 张 3. 375
字 数 90 千字
版 次 2012 年 11 月第 1 版 2012 年 11 月第 1 次印刷
定 价 16. 00 元

《寒地稻作授时历》编委会

主　　编：刘克良

副主编：孙彤阳　　刘志扬

编　　者：刘克良　　孙彤阳　　刘志扬

　　　　　徐　奏　　杨　淑

绘　　图：徐　奏　　杨　淑

序

    叶龄模式理论是一种稻作新理论。自 20 世纪 80 年代问世以来，一直受到相关部门的高度重视。中央农业领导部门把它列为全国十大科技成果推广项目之一。实践证明，该理论适用于各稻区的所有品种。但是，把这一理论变成当地具体品种的高产栽培叶龄模式，变为稻农可以直接掌握应用的理论与技术，需要有一个推广普及的过程。《寒地稻作授时历》正是为这一过程而作的。该书的前身是《寒地水稻生育叶龄诊断技术实用图示》。2006 年 3 月内部发行时，我就曾拜读过。觉得把水稻的生育进程与当地的日平均气温结合到一起很有创意。更名后的新作，在原来的基础上又有了新发展。特别是用水稻自身的叶龄这一物候标志确定稻作农时，克服了年际间因气候波动带来的单纯以日期定农时有时不够准确的问题。而且，用《授时历》的形式更容易被农民接受。采用这种图示的形式，可以使整个水稻的生育进程一目了然。对各生育阶段应该做什么、怎么做和为什么这么做也作了相应的叙述和解释，更便于稻农对技术的准确把握。这是为叶龄模式理论的推广和普及做了一件很有意义的工作。

　　我与克良同志相识已有 **30** 多年。他虽然多年从事农业行政工作，但给我的印象他更像农业工程技术人员，对水稻栽培技术有很深的造诣。该书的出版，为寒地稻作区的广大稻农和农业科技人员提供了一本很好的参考书。

2011. 9

前　言

　　农时，是指在农业生产中，农民适应气候变化的规律，从事耕作、管理、收获等作业的时节。这是传统农业从原始农业开始就积累起来的最宝贵的对自然规律的认识。违反了农时，就等于违反了当地的自然规律。只有按着农时从事农业生产，才能获得好的收成。正如《荀子·王制篇》所言："春耕、夏耘、秋收、冬藏，四者不失时，五谷不绝，民有余食也。"

　　现代农业科学，明白了农时的本质，掌握了农时的规律；用现代的技术手段，可以部分满足作物对农时的要求。温室、塑料大棚的采用，反季种植的成功，显得传统农时似乎已经不那么重要了。其实不然，时至今日，对农业生产来说，农时仍然是非常重要的。我们没必要也不可能把所有的农作物统统装入温室保护起来。以水稻生产为例，在寒地稻作区，由于塑料大棚的采用，水稻旱育秧播种期比直播栽培提前了1个月的时间。如果苗床播种从4月11日算起，到9月19日成熟，共需5个多月的时间。其中在大棚里度过的育苗期为1个月左右。5月20日（二十四节气中的小满）前后移入本田，一直到成熟，还有4个月左右，水稻又回归了大自然。占全生育期80%的时间，还得接受大自然的洗礼；生产技术措施，还得受农时的制约。实践告诉我们，违误农时是农业生产之大忌。

传统农业大多是以物候现象作农时标志。物候是指动植物的生长发育、活动规律与非生物的变化对节候的反应。植物的发芽萌动、抽叶、开花、结实、落叶等与气候有着密切的关系。环境对植物生长发育的影响，是一个极其复杂的过程。用仪器只能记录当时环境条件下的某些个别因素。物候现象不仅反应当时的天气，而且反应过去一个时期内天气的积累，是过去和现在各种环境因素的综合反映。因此，物候可以作为环境影响植物生长发育的指标，也可以用来评价环境对植物影响的总体效果。长期的生产实践，农民总结和积累了许多朗朗上口、耳熟能详的有关农时的谚语，用来指导和安排农业生产。在寒地稻作区就流传着"山青葫芦地青瓜，杏树开花种庄稼"这样的用于大田播种的物候农谚。在实际生产中，农时还要具体到各种作物。当看到杏树打苞时，就开始做大田开犁的准备了。为了使每种作物的播种期都能抢上最佳农时，还须根据作物的特点，安排播种的先后顺序。当看到杏树打大苞，要开还没开时，就先把谷子播上了。因为谷子种早一点不易粉籽，叫做"谷子在前头"。从杏树始花起，大田播种就大面积开始了。玉米种早了容易粉籽，种晚了秋天容易上不来。把玉米播在不早不晚的"腰窝儿"，叫做"玉米在当腰"。大豆花期较长，种早点晚点对产量影响不像其他作物那么大，开犁就有播种的，结尾也有播种的，叫做"大豆两头堵"。高粱最容易粉籽，种高粱须根据春季气温"三寒四暖"的变化规律，抓住寒尾暖头突击抢播，叫作"高粱看火候"。整个一个杏树开花期，就是当地农民播种大田的最佳期。杏树花谢了，地也基本上种完了。年复一年，年年如此，周而复始。然而，在同一个地区，种水稻就没有这方面的谚语可供参考。一般都是根据前辈传下来的和自己总结的经验，按日期安排生产。一些新稻农，只能照葫芦画瓢，跟着别人走。

　　考古发现，水稻在我国已有 7 000 年以上的栽培史。"神农教民稼穑，种五谷，稻为其首"。在我国南方一些栽培历史悠久的地方，早已形成了丰富多彩的稻作文化。和水稻有关的谚语更是不胜枚举。仅浙江一个省，涉及水稻的谚语就有 500 条之多。早在 1 800 多年以前，东汉时代一部以月令为体裁的农书《四民月令》五月条就指出，"是月也，可别稻……。""别"就是移栽。这句话的意思是说，这个月可以移栽水稻。

这是我国古代关于水稻移栽农时的最早记载。

水稻原产于热带、亚热带。长期的人工选择和自然选择，逐步北移到塞外。以黑龙江地区为例，据认为，唐代渤海国时期（公元 698～926 年），在牡丹江上游就有水稻种植。较近的记载是于清同治元年（1862），但发展不快。到了民国时期，1930 年才发展到 24 万亩（15 亩＝1 公顷。全书同）。1945 年达到185.5 万亩。1949 年为 189.9 万亩，占当年总耕地面积的 2.2%。1982 年为 368.1 万亩，占当年总耕地面积的 2.8%。从中国经济地理图上可以看出，淮河以南水稻是片状分布，淮河以北是点状分布。越是向北，点也越稀。在偌大一个寒地稻作区，虽然已有一千多年的栽培史，可是到了近、现代，水稻面积才星星点点地发展到几十万亩、几百万亩。这与"满山遍野的大豆高粱"相比，就显得太少了。寒地稻作区水稻大发展始于联产承包以后，还是以黑龙江地区为例，从1982 年到 2011 年，30 年的时间，水稻面积从 368.1万亩发展到 5 151万亩，占当年总耕地面积的 24.5%，2011 年水稻面积是 1982 年的 14 倍。几乎是与联产承包同步，在寒地稻作区引进推广了水稻旱育稀植技术。刚引进时全称就叫"寒地水稻旱育稀植技术"。这项技术一引进，就得到了广大稻农的普遍认可。在这项技术推广之前，寒地稻作区是以直播栽培为主，现在变成了插秧栽培；过去少量插秧田的育秧方式是水育秧，现在变成了旱育秧；过去强调的是密植，现在提出来要稀植。由于这些变化，加上稻农新成分的大量涌现，单靠传承的方式学习种稻技术，已经远远满足不了新形势的需要。特别是"旱育稀植技术"，在当时的寒地稻作区，是一项全新的技术。即使是老稻农，也需要从新学习。尽快提高广大稻农的科学种稻水平，就成了急需解决的突出问题。30多年来，农业科技工作者、专家、学者以及各级领导与稻农一起，做了大量工作，使寒地稻作区水稻栽培技术水平有了很大提高。现在的寒地稻作区，水稻生产的局面已经今非昔比。无论是面积的增长，还是单产、总产、经济效益、商品率的提高，都取得了举世瞩目的成效。水稻在解决国家粮食安全问题上，起到了不可替代的作用。在寒地稻作区，水稻的生产规模再也不是"点状分布"状态。在辽阔的三江平原上，你甚至可以看到像日出东海一样，日出"稻海"的壮丽景观。当前，在寒地稻作区，水稻生产的发展势头仍然很猛。如何巩固已有的成果，同时使新稻农少走弯路，尽快掌握科学种稻新技术，仍然是一个重要课题。可喜的是，新稻农的文化水平普遍较高，思想活跃，接受新事物快。加之稻作技术越来越成熟，只要大家共同努力，寒地稻作区一定会有一个更加辉煌的未来。

　　笔者根据黑龙江省农垦总局农业局 2004 年 1 月出版的《黑龙江垦区寒地水稻生育叶龄诊断技术要点》（试行）一书和与之配套的栽培技术模式图为基本框架，结合寒地中部稻作区的气候特点和稻农的生产实际，于 2006 年 3 月编制了一本《寒地水稻生育叶龄诊断技术实用图示》。采用这种图示形式，直观性强，容易理解；紧密联系生产过程，实践性强，容易记忆；与当地的气象记录相结合，可靠性强，容易被生产者接受。打开图示，水稻在各个阶段的生育进程，需进行的主要农事活动一目了然。编制该书的初衷，意在把比较高深的稻作理论通俗化，把关键的技术措施具体化。使之成为稻农一看就懂，一学就会，一用就灵的实际操作过程。让稻农在生产实践中学习叶龄模式稻作新理论，在潜移默化中领会叶龄模式理论的真谛。同时，对稻农什么时候做什么，怎么做和为什么这么做也提出了相应的建议和解释。什么时候播种，什么时候插秧，什么时候施肥，什么时候撒药，什么时候灌水，什么时候排水等，总之，什么时候应该做什么都有明确的说法，以便生产者有所遵循。实质上，这是一个稻作农时问题。如前所述，在寒地稻作区，基本上没有统一的稻作农时标准。在实际生产中，对稻作农时的把握也很不规范。以播种期为例，同一年在同一个村，最晚开播与最早开播的时间相差 20 多天。

他们的依据都是靠传承加上自己摸索的经验。而且都认为自己对农时的把握是正确的。在水肥管理上，更是五花八门。由于农时把握不准，在生产上造成失误的屡见不鲜。为了减少或避免因违误农时造成的损失，有的地方干脆采取行政手段，硬性规定什么时候做什么。在实际生产中，也确实起了一定的作用。但是，农业生产是同大自然打交道，必须按着自然规律办事。如果能把体现自然规律的稻作农时让每一个稻农都能掌握到手，不仅可以准确把握播种和插秧的时间，而且还可以从根本上解决在水肥管理和病、虫、草、冷、药害防治等方面各项技术措施的及时性和准确性问题。本书内部发行以后，受到广大稻农和农业科技人员的普遍欢迎。六年来，经两次再版，三次印刷。仅在佳木斯市行政区范围内，发行量已超过了3万册，仍然供不应求。为了满足广大稻农的迫切需要，经进一步整理修订，现由中国农业科学技术出版社正式出版，并同时更名为《寒地稻作授时历》。

编制者

目　录

绪　　论

"授时"之说始于《尧典》。"尧命羲和，钦若昊天，历象日月星辰，敬授人时。"意思是说，尧命令羲和，谨慎专一地顺应上天，推算观测日月星辰天象运行的状况，制定历法，恭谨地教授人民按此从事农事活动。

我国元代著名农学家王祯，在他所著《农书·授时篇》中，根据一年四季、二十四节气、七十二候循环往复变化的规律，把星躔季节物候和农事活动连成一体，制成"授时指掌活法之图"[18]，可以与日历相体用，起到授民时而节民事的作用。

水稻生产，从播种到收获，要经过许多不同的生育阶段。何时播种，何时插秧，何时施肥，何时撒药，何时灌水，何时排水，都有不同的农时要求。准确把握稻作农时和生育进程，适时进行播种、插秧作业，水肥管理和病、虫、草、冷、药害防治，是每个稻农都希望掌握的真本领。《授时历》提供了这个方便。在寒地稻作中，影响水稻生产的因素虽然很多，但其中影响最大的莫过于气候。我国古代人民称"五日为候，三候为气"，合称为"气候"。一年二十四节气，七十二候，各有其气候、物候特征。各地方气候影响农业生产最基本的是三大要素，即太阳辐射、温度和雨量。作为水稻生产，灌水是有保障的，雨量变化可以忽略不计。寒地稻作区由于地处高纬度区域，有日照时间长、晴朗天气多以及光照充足等特点。全年太阳总辐射一般均在 410～502 千焦/平方厘米。稻作季节 4～9 月份的合计值，黑龙江省北部的黑河（约北纬50°）和南部的哈尔滨（约北纬45°）几乎相等，每平方厘米平均为 155 千焦[3]。稻作季节的太阳辐射对整个寒地稻作区无大差别。剩下的就是温度了。所以，对于寒地稻作区来说，掌握了冷暖变化，就等于掌握了影响水稻生育进程的主导因素。日本水稻专家松岛省三说得更直接："叶龄只受昼夜平均气温的高低所影响"[10]。《寒地稻作授时历》就是由连续 11 年日平均气温曲线图，根据多年生产实践总结出来的水稻生育进程图和日历结合在一起的一张图表。图中有日期、节气、实测温度、水稻生育进程和界限温度。以此为参照，在叶龄模式理论的指导下，根据叶龄调查和叶龄诊断，能准确把握当年当地的主茎出叶期和生育进程。以此为依据，结合天气预报，采取有针对性的技术措施，科学地进行播种、插秧作业、水肥管理和病、虫、草、冷、药害防治。使寒地稻作的全过程，都能按着自然规律有序进行。可以确保各项生产技术措施的及时性、准确性，减少盲目性。整个水稻生产的主要农时要求和关键性技术措施，都包括在《授时历》之中。根据生育进程图，适时进行叶龄调查和叶龄诊断，能准确掌握水稻穗分化叶龄期、有效分蘖临界叶龄期、拔节叶龄期、减数分裂叶龄期等关键时期。结合天气预报，能准确把握一些重要农事活动的开始、终止或转折的温度和时间。过去定农时，所依据的植物多半是野生植物或多年生木本植物。正如农谚所言，"要知五谷，先看五木。"这是因为这些植物所处的位置比较固定，观察方便。而且农民最重视播种农时，在栽培作物下种之前，也只能看野生植物或多年生木本植物。栽培作物一旦出苗，它也会像野生植物一样，在不同的气候条件下，在不同的生育阶段，作出不同的物候反映。《寒地稻作授时历》定稻作农时，依据的植物是水稻本身，其物候标志就是水稻的叶龄。叶龄调查是一种物候调查。从这个意义上说，《寒地稻作授时历》也是一种"物候历"。"物候历"又称自然历或农事历。就是把一个地区多年对物候的观测资料进行整理，按出现日期排列成表，体现物候现象的顺序性和同步性。即同一地区的各物候期先后顺序基本上是固定的。年际间由于气候波动，各物候期可能有一二十天的差异。在寒地稻作区，与常年平均物候期相比，这个差异一般最多也不超过十天。而且它们是在整体上作相应的提前或推迟，丝毫都不影响用物候来确定农时。近些年，我国有几十个地方，根据现代物候资料编制了物候历。例如，在江苏盐城的物候历上，毛桃始花与玉米、大豆播种；野菊开花与小麦播种等日期是对应的。前者是指物候现象，后者是农事活动。每年只要观测到这些物候现象时，便可以进行相应的农事活动。作为一种物候现象，水稻的叶龄不仅在直观上反映水稻的生育进程，同时，也能准确反映其体内的生理变化。而农业技术措施都是在不同的生育阶段根据作物不同的生理要求实施的。这就为用叶龄确定稻作农时提供了理论根据。

水稻的叶龄虽然只受昼夜平均气温所影响，但是，日平均气温却要受其所处地理位置的纬度、经度、高度和年际间的气候波动所左右，进而直接影响水稻的生育进程。所以，要在整个寒地稻作区确定一个统一的稻作农时标准，在这一点上还必须说清楚，它直接关系到《授时历》的适用范围和可靠性。先说高度。"物候之所以山地与平原不同，是由于在近地面的空气里，所谓对流层，海拔愈高则平均气温愈低。平均每上升100米高度，气温要下降0.6℃[12]。"而寒地稻作区的水稻大多分布在三江、松嫩两大平原上，地形、地貌简单，没有梯田稻，海拔高程均在百米上下，气候的垂直差异很小。所以，高度对寒地稻作区的物候影响差别不大。再说经度。"经度本身不能对物候有任何影响"[12]。相同纬度的不同经度，"物候之所以有先后，是由于离海洋远近或受海洋影响多少有关"[12]。寒地稻作区均属于大陆性季风气候区，经度对整个寒地稻作区的物候影响差别也不大。物候差别主要是由纬度差距和年际间气候波动带来的。为了说明纬度对物候的影响和南北不同纬度区对物候影响的差别，竺可桢指出："以苦楝为例，从化（在广东省中部——编制者注）与无锡相比，纬度差8°，花期差32天，适为一个纬度差4天"[12]。"若以北京与上海或杭州相比，以玉兰、紫丁香、紫荆为例，则每一纬度相差3.1～3.6天"[12]。"但若与长春相比，以山桃为例，则每一纬度相差2.3天而已，虽然长春海拔比北京高出150米"[12]。从此可以得出结论，在我国愈向北，则纬度1°之差，春天物候推迟日期逐渐减少。在年际之间由于气候的波动，物候现象也会有差异，这个差异南北相比却有很大不同。竺可桢以北京杏花初放为例，"1957年为4月13日，而1959年为3月27日，先后相差17天"[12]。而在佳木斯地区同样是杏树开花，25年的观测记录显示，最早开花日是1976年5月3日，最晚开花日是1974年5月10日，先后相差仅 7 天。寒地稻作区与低纬度地区相比，物候现象年际间的摇摆幅度不大［《内蒙古农业科技》1999 年 12 期增刊］。

许多专家研究表明，温度与全生育期之间不完全是线性关系。从发芽到成熟的整个生育过程，一些过程可能对温度是不敏感的；另一些过程可能是线性地依赖于温度；还有一些过程可能是对数地依赖于温度。因此，把水稻的发育过程与温度之间的线性关系应用于积温，主要是以经验为基础的[9]。长期的生产实践，寒地稻作区的稻农和农业科技工作者，对当地水稻一生各生育阶段的生育进程已经有了一个基本的了解。以寒地中部稻作区主栽的、有 4 个伸长节间、总叶数为 11 张叶片的品种为例。该地区已经基本上普及了塑料大棚旱育秧机插中苗的栽培技术。大棚旱育秧属保护地栽培，苗床播种可以在日平均气温稳定通过 5℃时进行，插秧期是在日平均气温稳定通过 13℃时进行。该地区 11 年日平均气温稳定通过 5℃的时间是 4 月 11 日，稳定通过 13℃的时间是 5 月 11 日。从 4 月 11 日前后到 5 月 11 日前后，1 个月左右的时间秧苗可以在大棚里长到 3.1～3.5 叶龄，正是机插中苗的最佳叶龄期（在寒地稻作区称 1 叶 1 心为乳苗，2 叶 1 心为小苗，3 叶 1 心为中苗，4 叶 1 心为大苗）。从 5 月 11 日前后开始插秧到 5 月 20 日，最晚不晚于 5 月

25 日插秧结束。返青期一般需 3~6 天。在 6 月 1 日前后，大部分秧苗可以返青，开始进入分蘖期。水稻分蘖期一个出叶周期约 5 天。有 4 个伸长节间的 11 叶品种有效分蘖临界叶龄期为 8 叶期（$N-n+1$ 叶龄期）[6]。从返青期到有效分蘖临界叶龄期历经 4、5、6、7、8，5 个叶龄期，时间大约 25 天，此时就到了 6 月 25 日前后。从 8 叶后半叶开始进入幼穗分化期（7.5 叶龄期）。穗分化开始以后，历经 8 叶后半叶和 9、10、11，3.5 个叶龄期。这段时间一片叶的出叶周期约 7 天左右。从剑叶展开到抽穗期一般需要 9 天左右。这样，从穗分化开始到出穗期共需 30 天左右。此时就到了 7 月 25 日前后。7 月 25~30 日为安全抽穗期，8 月 3 日为最晚抽穗期。这里说的安全抽穗期，是指在水稻结实期日平均气温降到 15℃，光合作用基本停止时，活动积能够满足 900℃ 的抽穗期；这里说的最晚抽穗期，是指在水稻结实期日平均气温降到 13℃，光合产物基本停止运输时，活动积温能够满足 900℃ 的抽穗期。根据当地的气象记录，11 年平均，安全抽穗期是在 7 月 30 日之前，最晚抽穗期也不能拖到 8 月 3 日以后。结实期能够满足以上要求的时日是从 7 月 30 日到 9 月 13 日，历时 45 天左右和从 8 月 3 日到 9 月 19 日，历时 47 天左右。这样，如果能把寒地稻作区当地主栽品种的抽穗期分别安排在 7 月 25 日到 8 月 3 日这 10 天之内，既可以不用播种过早而避免秧苗遭受冻害，也可以在秋冷前最后成熟，还可以把对低温最敏感的减数分裂期和抽穗扬花期这两个生育阶段分别安排在全年温度最高的头伏和二伏这 20 天之内。最晚抽穗的品种也能在立秋（8 月 8 日）之前把穗抽齐。这样安排，既可以充分利用当地的光热资源，也可以最大限度地规避育苗期的冻害、减数分裂期和抽穗扬花期的障碍型冷害和结实期的延迟型冷害。

水稻"在营养生长期一片叶的出叶周期为 5 天左右"[6]（凌启鸿）。吉田昌一指出："抽穗前 30 天左右，在显微镜下可以看到茎秆顶端的穗原基。从穗原基分化到抽穗的历期，虽然稍受品种和气候条件的影响，但人们认为，这一历期几乎是固定的。在大多数条件下，为 30 天左右"[9]。他还特别指出："从幼穗分化到抽穗的时间，温带和热带地区都是 23~25 天"。他在这里说的"幼穗分化"，是指当幼穗长到 1 毫米左右，可用肉眼或通过放大镜看到时，农学家称谓的"幼穗分化"。在寒地稻作区，这段时间 11 叶品种是指从第 10 叶（即 $N-n+3$ 叶）露尖颖花分化期开始的 7 月 2 日前后到 7 月 25 日抽穗期前后，时间为 23 天左右；12 叶品种是指从第 11 叶（即 $N-n+3$ 叶）露尖颖花分化期开始的 7 月 7 日前后到 7 月 30 日抽穗期前后，时间也是 23 天左右。以上两个生育阶段需要的时间，寒地稻作区稻农和农业科技人员总结的经验，与国内外专家研究的结果基本上是一致的。

　　寒地稻作区，自南向北共跨10个纬度，由于高纬度区的气候特点，纬度1°之差，春天物候推迟的日数很短。物候现象在年际间摇摆幅度也不大。长期的生产实践，已经自然形成了三个区域。一是以9～10叶品种为主栽和搭配品种的最北部稻作区。主要是指北纬48°～53°，跨5个纬度，在寒地稻作区纬度最高，无霜期最短，水稻安全生育日数仅90～115天，属高寒稻作区。二是以11～12叶品种为主栽和搭配品种的中部稻作区。三是以13～14叶品种为主栽和搭配品种的南部稻作区。后两个稻作区共跨5个纬度，即北纬43°～48°。竺可桢先生在其《物候学》一书中指出："为了预告农时，必须就地观测研究，做出本地的物候历"[13]。"一个地区的自然历，只要有一两个人受短期培训，从一小块地面上，进行观测，持之以恒，便可据长期记录制定出来。对于预告当地一年四季的农时就大有裨益"[13]。《寒地稻作授时历》正是根据当地气象台长期的观测记录制定的。当今，每个县都有气象站，每个站都有详细的气象记录。只需从现在起，往回提取最近连续11年的日平均气温值，就可以形成本县的稻作《授时历》。具体到一个县的范围，水稻主栽品种和搭配品种的总叶数和伸长节间数往往比较单一。而主茎总叶数和伸长节间数都相同的品种，在任何一个相同的叶龄期，各部器官的生长和发育阶段均完全相同[6]。如果播种期和插秧期大体上一致，那么，水稻在各个生育阶段所需要的天数也应该是"大体上一致"的。在这里，不是把"大体上一致"的日期作为农时的统一指标，而是把它作为辅助参考指标。这对指导叶龄调查和判断当年的生育进程早晚非常有用。最后确定为统一农时指标的仍然是物候指标——水稻的叶龄。

叶龄，可以简单称之为"主茎出叶期"。水稻在生长发育过程中，主茎的叶片生长与其他叶片、根、茎、蘖、穗等器官的生长发育之间存在较严密的相关关系——器官同伸规律。根据这一规律，通过对主茎叶片生育进程的调查，可以推测出其他器官的生育进程，这就是生育进程的叶龄诊断。具体叶龄调查方法如下。

叶龄跟踪苗的选择和标记方法：选择有代表性的地块，从池埂边向里数 3 行，选择穴距均匀，穴株数相近的 5～10 穴为对象；每穴选择苗质好、叶片健全、有代表性的秧苗 1 株，共选 5～10 株，并在两边插上标志物。在每株的主茎叶片上进行叶龄标记。起点叶龄从 3 叶开始，跟踪到剑叶抽出。标志点要点在单数叶片上，每个标志叶片要用不同的标记符号点在叶片中心部位。比如，第一个标志叶片点 1 个点，第二个标志叶片点 2 个点，或用其他方法标记。原则是跟踪叶片标记要有区别，确保跟踪苗叶龄的准确。

叶龄计算方法：要调查某叶从露尖到叶枕露出，叶片全展开的过程，首先要估算这片叶的长度。以这片叶下边叶片的实际长度加 5 厘米为这片叶的估算长度。然后测量这片叶抽出的实际长度。再去除已估算长度，作为这片叶长度的比例。如调查 5 叶抽出过程的叶龄，首先估算 5 叶的长度。如果 4 叶定型长度为 11 厘米，加上 5 厘米为 16 厘米，这就是 5 叶的估算长度。如果 5 叶已抽出 2 厘米，用 2 除以 16 等于 0.125，约等于 0.1，即 5 叶已抽出 0.1 个叶龄，此时调查的叶龄为 4.1 个叶龄值，做好记录。按此法跟踪至倒 3 叶（11 叶品种第 9 叶，12 叶品种第 10 叶）。倒 2 叶和剑叶按前 1 叶定长减去 5 厘米做为估算值，求出当时的叶龄值。

调查时间：均以 5 月 15 日、5 月 20 日、5 月 25 日三个插秧期为调查始期，以后每 5 天调查一次，一直到剑叶抽出。

标记方法：用红色油漆标记符号。

一、苗床播种期

苗床播种时叶子尚未长出，无法用叶龄来确定水稻的播种农时。苗床播种期宜根据天气预报来确定。当日平均气温稳定通过5℃时，可以在有塑料大棚保护的旱育秧苗床上播种。从《授时历》可以看出，11年日平均气温稳定通过5℃的时间是4月11日。计划播种期就定在从4月11日开始。晒种可以提前安排。如果按选种、浸种时间需要7天，催芽、晾芽2～3天计，选种、浸种应该安排在播种前10天，即从4月1日开始分批进行。当年日平均气温稳定通过5℃的具体时间可能在4月11日之前，也可能在4月11日之后。确定具体播种期的主要依据是当地气象台在网上公布的近日天气预报。把预报当地4月11日前后连续3天日平均气温通过5℃的第一天为实际播种的始播期。特殊回暖晚或有倒春寒的年份，日平均气温稳定通过5℃的时间可能拖后，如2010年，佳木斯市区日平均气温稳定通过5℃的时间是4月21日，比11年平均整整拖后10天，像这样的年份要按灾年对待。也就是说，当预报4月11日前后3~5天内日平均气温不能稳定通过5℃时，也不能无限期地等下去。可以把已浸好并催芽的种子按计划播种期先播。大棚旱育秧属保护地栽培，对不良外部环境有一定的抗御能力。需要时播后还可以在棚内采取一些增温措施。这样就可以把因农时拖后可能耽误的积温抢回来。在寒地稻作区，温度是决定丰、平、欠的第一要素。把春季可能耽误的积温抢回来，是保证当年安全抽穗的关键，也是秋冷前安全成熟的关键。对先播的部分要做好预案，必须保证遇到单纯依靠大棚尚抗御不了的低温时，秧苗不受冻害。根据经验，大棚旱育秧，播种后出苗前，夜间最低气温－6℃时，棚内气温在－2℃，苗床温度却在5℃；出苗后夜间最低气温达－3℃时，棚内气温为2℃，苗床温度也是5℃左右。日出以后棚内气温和床土的温度都会升上来。这个低温不属于长时间的零上低温，而是夜里瞬间零上低温，一般不会产生冻害和零上低温带来的冷害。如能把先播的部分，采取三模覆盖的方式处理，育苗就会更安全。如果温度再低，必须采取增温措施。长期的生产实践，稻农总结了许多增温的经验，都可以采用。当前，网上的天气预报是按小时播报，防御冷害冻害全在掌控之中。按上述方法安排播种期和苗床管理，需要有一个前提条件，就是大棚的扣棚时间一定要提前。要在3月10日之前，也就是在苗床播种前一个月，先把苗床上的积雪清理干净，再把大棚扣好封严，以使在播种前增加苗床的化冻深度，提高苗床温度。据统计，大气对太阳辐射能的吸收仅为大气上界的6%，而地面辐射能量的93%被大气吸收。可见，大气的温度主要不是直接来自太阳，而大部分是直接来自地面。地面辐射是低层大气的主要热源[24]。早扣棚的目的就是为了增加苗床的化冻深度，提高苗床温度，为将来的幼苗在苗床里储备热能。有的农户甚至正月十五刚过就把棚扣上了，增温效果更好。由此可见，寒地稻作区旱育秧床早扣棚对增加化冻深度，提高苗床温度，进一步提高棚内空气温度的重要性。寒地稻作区冻土深度一般2米左右，在没有保护的自然状态下，当日平均气温稳定通过5℃，苗床可以播种时，土壤的化冻深度只有30厘米左右。还有1.7米左右的冻层需要在播种后慢慢化透，冻层的融化过程是一个吸热过程，也就是同小苗争夺热能的过程。而在播种前一个月扣棚，当日平均气温稳定通过5℃，苗床可以播种时，化冻深度可达70~80厘米，相当于自然状态下立夏前后的化冻深度。如果扣棚时间再提前一些，化冻深度还会更深一些。这时的冻层已经远离了幼苗，这对防御苗期的冷害、冻害非常有用；对防御立枯病、提高秧苗素质非常有用；对控制返浆水、减少或避免盐害和生理性青枯非常有用。

二、本田插秧期

在寒地稻作区，插秧是把秧苗从有大棚保护的秧田移入自然状态下的本田。所以，插秧期的确定，就不能像播种期那样，即使农时未到，因为有大棚保护，在有预防措施的前提下，播种期可以适当提前。但是秧苗一旦移入本田，再想保护就困难了。为了使秧苗栽后早生快发，不受冻害，插秧应该在日平均气温稳定通过13℃时进行。从《授时历》可以看出，11年日平均气温稳定通过13℃的时间是5月11日。回暖早的年份，可能在5月11日以前；回暖晚的年份可能在5月11日以后。要查询当地气象台站在网上公布的5月11日前后3日天气预报和对终霜期的预报做全面分析。当预报终霜期已过，并且日平均气温连续3天超过13℃时，可以把这3天的第一天作为插秧始期。要尽量缩短插秧期，争取在5月20日小满前插完秧，最晚不晚于5月25插秧结束。

三、返青分蘖期（返青期—够苗期）

返青期是指从插秧到新生一片叶时期。够苗期是指茎蘖总数与收获穗数相等的时期，也就是有效分蘖临界叶龄期。有 4 个以下伸长节间品种的够苗期为 $N-n+1$ 叶龄期。N 为总叶数，n 为伸长节间数，$n=N/3$。11 叶品种的够苗期为 8 叶期（$11-4+1=8$），12 叶品种的够苗期为 9 叶期（$12-4+1=9$）。

生育进程：插秧以后，由于植伤、低温、苗弱等原因，幼苗有一段暂时停滞生长的恢复期，此期叶色有些变淡。当叶色重新变浓时，就意味着新根和新叶已经长出，秧苗已经返青。从插秧到返青 3~6 天，在 6 月 1 日前后，大部分秧苗可以返青。返青所需时间长短，与秧苗素质、插植深浅和当年插秧后水温、气温等有直接关系。秧苗素质好、插秧深浅适中、水温适宜、返青时间短，反之返青时间长。秧苗素质好、带土多的壮秧几乎看不到缓苗期；钵体苗移栽时基本没有植伤，一般也看不到缓苗期。而有的徒长弱苗插后大缓苗，返青期甚至长达 10 天左右。分蘖过程：按着同伸规律，秧苗进入 4 叶龄，1 叶节上应该有分蘖发生（$N-3$，N 为心叶）。寒地稻作区，机插中苗的插秧期为 3.1～3.5 叶龄期。1 叶节上的分蘖应该在苗床上出现。但是，由于机插秧的播量大，秧苗密度大，加上插秧时造成植伤等原因，低节位缺蘖较多。11 叶品种 5 叶龄（12 叶品种 6 叶龄），田间茎数可达到计划茎数的 30% 左右；6 叶龄（12 叶品种 7 叶龄），达到计划茎数的 50%～60%；7 叶龄（12 品种 8 叶龄），达到计划茎数的 80%；7.5 叶龄（12 叶品种 8.5 叶龄）开始穗茎节分化。分蘖期的叶龄进程晚限：一般 11 叶品种最晚 6 月 5 日达到 4 叶龄，6 月 15 日 6 叶展开，6 月 20 日 7 叶展开，6 月 25 日 8 叶展开，进入有效分蘖临界叶龄期。12 叶品种 6 月 30 日 9 叶展开，进入有效分蘖临界叶龄期。

与产量的关系：分蘖期是决定穗数的关键时期。此时也是为秆粗、穗大、粒多打基础的时期。

管理目标：尽量缩短返青期，力争早返青，促进分蘖早生快发，在有效分蘖临界叶龄期达到计划茎数。

诊断：返青后，平均 5 天左右增加一个叶龄，需活动积温 85℃ 左右。分蘖期的叶长、叶色、叶态：此期叶片的长度是递增规律，增幅为 5 厘米左右。叶耳间距逐渐拉大。返青后叶色逐渐加深，一直到 $N-n$ 叶龄期，也就是 11 叶品种 7 叶期，12 叶品种 8 叶期，群体叶色必须"显黑"。反映在叶片间叶色的深度上是顶4叶深于顶3叶（顶4＞顶3，即倒4叶略深于倒3叶）[6]。

主要技术措施

灌水——插秧后要建立一定的水层护苗。这对维持水稻体内的水分平衡，加速返青，促进早发，提高成活率均有良好的效应。护苗水的深度应视秧苗大小而定。以最深水层不超过秧苗上部全出叶的叶枕为宜，一般在3厘米左右。秧苗返青后一直到够苗期，应以水层灌溉为主。这是因为3叶以后，水稻体内通气组织已经建立完善，根部需要的氧可以由叶部供应，秧苗逐渐转入自养阶段。水稻分蘖期以吸收铵态氮为主。在淹水的条件下，土壤处于还原状态，铵化作用得以正常进行，使稻株正常吸氮，保持较高的氮代谢水平。淹水还可以提高磷的有效性。水层还能调节分蘖周围的温度和土壤pH值至适于水稻分蘖的要求，还可以抑制多种杂草的发生。因此，水层灌溉是保证分蘖按期同伸的必要条件。但是，如果水层过深或长期淹水，也会降低土温，影响土壤通气性，产生多种毒害物质，抑制分蘖和根系生长。因此，应该采取浅水灌溉为主，适当结合断水落干，以通气促进根系生长。在排水不好，通气不良的低洼田，以及有机质含量高或有机肥施用多的田块，更需要通气更新土壤环境。

施肥——寒地水稻总叶数相对较少，有效分蘖期也相对较短。如在寒地中部稻作区主栽的 11 叶品种，从 6 月 1 日前后返青，到 6 月 25 日前后达到有效分蘖临界叶龄期，仅 25 天左右的时间。为了促进分蘖早生快发，提高成活率，返青后的分蘖肥是必需的。为了使根旁有足够的养分，返青即追分蘖肥。分蘖肥宜追施不需要转化就能直接见效的铵态氮肥，如硫酸铵、碳酸氢铵等。这是因为尿素虽然是含高浓度分子态有机氮化物的水溶性氮肥，但水稻的根系直接吸收利用分子态尿素很少。尿素施入土壤后，只有在脲酶的作用下被水解成铵态氮后，才能被根系大量吸收。尿素转化成铵的速度要看土壤中脲酶的数量和活性。而脲酶的数量和活性取决于土壤的肥沃度、温度、水分和酸碱度等因素。在中等肥力的情况下，土壤温度影响最大。当土温升到 10～20℃ 时，转化时间需 7～10天。只有 20℃ 以上才会转化较快。在水稻插秧时无论水温还是气温都比较低，所以，分蘖肥最好用铵态氮肥（如硫酸铵、氯化铵、碳酸氢铵等）或铵态氮肥与尿素混施。施肥量要用纯氮来控制，为全年用氮量的30% 左右。另外，起苗前的"送嫁肥"，用量虽少，但利用率很高。要求用的是氮磷复合肥，如磷酸二铵。施肥是在苗床上进行，耗用的劳动力不多，在水稻插秧时，肥料均匀地分布在稻根周围，既经济又有效，也提倡使用。要注意分蘖肥用足而不过量，使之在有效分蘖期内达到计划茎蘖数；在有效分蘖临界叶龄期以后，肥劲能够有所下降，叶色转淡，这样对控制无效分蘖有利。

植保——及时防治稗草、稻稗、野慈姑、泽泻（水白菜）、牛毛毡、针蔺、萤蔺（水葱）、狼巴草（鬼叉）、扁秆藨草（三棱草）、日本藨草（软三棱）等多种水田杂草；防治青苔等多种藓类和藻类植物。注意观察秧苗返青时间和生根速度、新生根伸长方向、根色、根长、根量等要素，及时防治除草剂药害（当季除草剂药害和残留除草剂药害）。防治潜叶蝇、负泥虫等虫害和细菌性褐斑病等病害。

插前封闭除草（旱育壮秧图解）。

插后除草：插秧后，由于第一次封闭除草用药时间已经很长，除草剂药效显效期已过，加之封闭除草剂用药不匀等多种因素的影响，插后会相继长出稗草、稻稗等多种禾本科杂草。田间长势很旺，分布在插秧田的垄间、垄上等各处。在草龄较小的时候进行二次封闭会获得较好的防效。

常用的除草剂和使用方法如下所述[23]。

苯噻酰草胺（环草胺，除稗特）。除草特点：选择性芽前除草剂，可以被杂草的幼芽吸收，用于移栽田、抛秧田。除可有效防除稗草、稻稗、千金子等禾本科杂草外，对牛毛毡、泽泻、鸭舌草、节节菜、异型莎草、水莎草也有良好的防治效果。对稗草、稻稗等施药草龄为 1.5 叶左右效果较好，草龄过大除草效果不佳。使用时间和用量：移（抛）栽后 5～7 天，在水稻返青后用药。每公顷用 50% 苯噻酰草胺可湿性粉 1 500 克。使用方法为毒土、毒砂法，均匀撒施。施药后维持水层 3～5 厘米，缺水补水，保水 5～7 天，自然落干后正常管理。注意事项：苯噻酰草胺在水中的溶解度很低，土壤对其吸附力强，大部分分布在 1 厘米以内的土壤表层中，所以不要在水稻幼苗期施药，移栽田也要在秧苗彻底返青后施药。秧苗没有完全返青、根系下扎较浅、气温低、施药不匀时易产生药害。

莎稗磷（阿罗津）。除草特点：选择性传导型除草剂，通过杂草的幼芽和地下茎吸收，用于移栽田、直播田防除稗草、稻稗、异型莎草、碎米莎草、日照飘佛草等一年生禾本科杂草和莎草科杂草，对大龄杂草和阔叶杂草效果差。使用时期和使用量：移栽田在稗草 2 叶期即移栽 5～8 天，水稻返青后施药。每公顷 30% 莎稗磷乳油 750～1 125 毫升。毒土、毒砂法均匀撒施，施药时田间水层 3～5 厘米，保水 5～7 天，缺水补水。或每公顷对水 450 千克均匀喷雾，喷雾时田间湿润，喷雾后上水 3～4 厘米，保水 5～7 天以后正常管理。注意事项：莎稗磷对幼龄稗草和一年生莎草科杂草有良好的防除效果，对超过 3 叶 1 心的稗草防效显著降低，因此应及时用药；施药时田间水层不可淹没水稻心叶，以免药害。施药时间与插秧时间过近、苗弱、水深、气温低、日照少也容易产生药害。

二氯喹啉酸（快杀稗）。除草特点：是防治稻田稗草的特效选择性传导型除草剂，主要是通过杂草根吸收，也能被发芽的种子吸收。用于水稻的秧田、直播田、移栽田，可防除 1 ~ 7 叶的稗草，对 4 ~ 6 叶大龄稗草药效突出。同时对雨久花、鸭舌草、水芹、次藻、陌上菜、节节菜也有一定的抑制作用。对莎草科杂草效果差。使用时间和用量：秧田、直播田水稻秧苗 2.5 叶以后每公顷用 50% 二氯喹啉酸可湿性粉剂 450 ~ 750 克；移（抛）栽田移（抛）栽后 10 ~ 12 天每公顷用 50% 二氯喹啉酸可湿性粉剂 450 ~ 750 克。使用方法为毒土、毒砂法。稗草或稻稗杂草基数高、草龄大的用上限量，反之用下限量。用药后维持水层 3 ~ 5 厘米，保水 5 ~ 7 天，不可深灌不可断水；或用喷雾法，施药前一两天田间排水，保持湿润。施药后 48 小时覆水。保持 3 厘米水层 5 ~ 7 天。自然落干后正常管理。注意事项：水稻两叶期以前用药易产生药害，必须在两叶一心以后用药。施药后不能应用多效唑一类的化学品。用药过量、重复喷撒、高温下施药均易产生药害。

以上 3 种除草剂，均对稗草、稻稗有效。如想兼治水田阔叶杂草，每公顷可与 225～450 克 10% 苄嘧磺隆（农得时）可湿性粉剂、或与 150～300 克 10% 吡嘧磺隆（草克星）可湿性粉剂、或与 150～225 克 15% 乙氧嘧磺隆（太阳星）水分散粒剂、或与 150～180 克 20% 醚磺隆（莎多伏）水分散粒剂等磺酰脲类除草剂混用。对野慈姑、泽泻、扁秆藨草、日本藨草、萤蔺、针蔺、眼子菜、狼巴草、牛毛毡、雨久花等阔叶杂草有效。水稻田稗草发芽比较早，而阔叶杂草出土时间比较长，从水稻插秧到有效分蘖临界叶龄期均可以出土，在防治上有一定的难度。防治阔叶杂草最重要的是均匀用药，保持稳定的水层管理。除毒土、毒砂、喷雾法用药外，不提倡甩施、喷淋，这样容易造成用药不均。不仅达不到所要求的除草效果，而且还会对水稻造成药害。

除上述几种常用的除草剂外，还有：五氟磺草胺（稻杰）。秧田稗草 1.5～2.5 叶期每亩用 2.5% 五氟磺草胺油悬浮剂 33～46 毫升；水直播田稗草 2～3 叶期每亩用 2.5% 五氟磺草胺油悬浮剂 40～80 毫升（茎叶喷雾）或 60～100 毫升（药土撒施），对 2～4 叶稗草防除效果明显，对野慈姑、泽泻有一定的防效。氰氟草酯（千金）。选择性传导型除草剂，主要通过杂草的叶片和叶鞘吸收，用于水稻秧田、直播田可防除稗草、千金子、双穗雀稗等一年生和多年生禾本科杂草，对阔叶杂草无效。氰氟草酯对水稻安全性好，在水稻苗期至拔节期使用都不易产生药害。秧田稗草 1.5～2 叶期每 667 平方米用 10% 氢氟草酯乳油 30～50 毫升；直播田稗草 2～4 叶期每公顷用 10% 氢氟草酯乳油 600～900 毫升。对 3～6 叶稗草防除效果好，但除草速度慢，7～10 天杂草开始死亡，喷雾法施药，施药时土表要湿润或建立薄水层（小于 1 厘米）。灭草松（苯达松）。触杀型、选择性苗后茎叶除草剂，主要通过杂草根部和叶面吸收，用于水稻秧田、移栽田和直播田防除异型莎草、碎米莎草、牛毛毡、水莎草、萤蔺、日照飘拂草、陌上菜、节节菜、鸭舌草、雨久花、矮慈姑、泽泻、狼巴草等一年生和多年生莎草科杂草和阔叶杂草，对稗草等禾本科杂草无效。用药量：直播田播后 30～40 天、移栽田栽后 20～30 天每公顷用 48% 灭草松水剂 1 500～3 000 毫升。对阔叶杂草均有良好的防除效果，喷雾法施药。施药前排干田间水，使杂草全部露于地面，选晴天、无风天气施药。嘧草醚（必利必能）。选择性传导型除草剂，通过杂草的茎叶和根吸收，可用于直播田和移栽田。在有水层的条件下，持效期可长达 40～60 天，长持效是必利必能的最大特点之一。用法用量：移栽田移栽后、直播田苗后稗草 2～4 叶期每公顷用 10% 嘧草醚可湿性粉剂 300～450 克。拌湿润细土或拌化肥均匀撒施。施药时田间水层 3～4 厘米，施药后保水 5～7 天，自然落干后正常管理。如采用喷雾法施药，喷雾前先排水，务必使杂草露出水面 2/3 以上，确保有足够的药液接触面积，同时保持浅水层，施药后 1 天复水，保持 3～5 厘米水层 5～7 天后恢复田间正常灌水管理。

喷雾法用药主要技术措施：选择无风或微风、气温不高于 27℃、上午 10：00 时前和下午 16：00 时以后喷雾法施药。喷液量不小于 150 升/公顷。在防除稗草时，可加入一定量的桶混助剂如有机硅、植物油类助剂可提高药效。特殊农药要按照说明进行特殊处理。

毒土、毒砂法用药的主要技术要求：将粉剂农药与潮而不黏的土或沙拌匀，均匀撒施，施药后保持 3～5 厘米水层，保水 5～7 天，缺水补水。不可拌干土、干沙，以免造成施药时的药物流失。如果是拌肥料施药，要在肥料表面喷薄薄的水层，在肥料湿而不黏的状态下再拌药。

细菌性褐斑病病症与防治如下所述。

细菌性褐斑病又名细菌性鞘腐病。在寒地稻作区，发病危害的程度仅次于稻瘟病，是寒地稻作区的第二大病害。先从叶尖和叶缘开始感染，逐渐扩展到全叶。叶片上的病斑初为褐色水渍状小点，然后逐渐扩大呈纺锤形、长椭圆或不规则斑，红褐色，边缘有水渍状黄色晕纹，后期病斑中心变为灰褐色，组织坏死，但不穿孔。后期感染水稻剑叶叶鞘，形成条状病斑，进一步感染至水稻穗部，颖壳变红褐色，侵染小枝梗后，造成组织坏死，影响灌浆，降低千粒重和出米率。除感染水稻外，还可以感染稗稻、无芒野稗、水稗草、风稗、芦苇等多种杂草。杂草先受其感染，而后成为水稻病害的菌源。传播方式是随水传播，传播速度较稻瘟病慢。水稻感染受其生理条件影响，在水稻代谢的碳、氮转换期容易感染。水稻主要发病时期为离乳期、有效分蘖临界叶龄期、抽穗到乳熟前期，乳熟后期基本停止发病。寡照低温年景发病较重，水稻生长前期温度低发病重，后期气温上升，发病和传染较轻，持续阴雨天传播速度极快，3~5天可全田发病。减产幅度为20%~50%，整精米率严重下降。病菌在种子和稻草、杂草的病组织中越冬。从伤口侵入寄主，也可从水孔、气孔侵入。细菌在水中可存活20~30天，随水流传播。在风大时早晚随风吹露水也可以传播。大雨或长期连雨可加重病害发生。偏施氮肥，灌水过多或串灌易发病。偏酸性土壤发病重。防治措施：加强检疫，防止病种子的调入和调出。清除田间、池埂及道边杂草，处理带菌稻草，以消除最初感染源。实行浅水灌溉，有效控制分蘖数，防止密度过大和提早封行。防止串灌。忌偏施氮肥。化学防治：细菌性褐斑病属细菌性病害，防治用药宜采用能杀灭细菌的药物进行。移栽前3~5天，在水稻苗床上，用氯溴异氰尿酸50%可溶性粉剂30克对水15升，喷施面积为60平方米；或咪唑喹啉铜33.5%水悬浮剂50毫升对水15升，喷施面积60平方米。水稻本田中，在有效分蘖临界叶龄期，用氯溴异氰尿酸50%可溶性粉剂400~600克/公顷或咪唑喹啉铜33.5%水悬浮剂（SC）400~500毫升/公顷，对水130~150升喷雾。对水130~150升喷雾。喷雾条件要求无风或微风，气温不超过27℃，用弥雾器或高压喷雾器，上午10：00时前和下午4：00时以后喷雾，加入适量的桶混助剂效果更佳；水稻抽穗前，用氯溴异氰尿酸50%可溶性粉剂400~600克/公顷或咪唑喹啉铜33.5%水悬浮剂（SC）400~500毫升/公顷喷雾。

潜叶蝇的防治

潜叶蝇又名稻小潜叶蝇，是寒地稻作区的主要虫害之一。潜叶蝇以幼虫潜食叶肉，每一片叶少则2~3头，多则7~8头，发生早而多时造成稻叶枯死、腐烂，影响水稻正常生育，以至造成稻苗大批枯死而减产。发生规律：因一年发生代数多，所以表现为世代重叠。5~9月间均可发现成虫、卵、幼虫和蛹。以成虫在杂草间越冬（可能有一部分以蛹越冬）。4月上旬，越冬的成虫开始活动。第一代发生期是在5月上旬至6月中旬，主要是在稻田附近的灌排水渠的杂草上繁殖，卵亦产在杂草叶片上，经5~7天卵孵化为幼虫，在杂草上为害。第二代发生于6月上旬至7月上旬，为害水稻。7月上中旬羽化为成虫，转移到稻田附近的杂草上产卵，并繁殖2~3代，9月下旬到10月上旬羽化为成虫后在杂草上越冬。防治方法：清除杂草。从前述的潜叶蝇发生规律可以看出，此虫的第一代和第三、第四代是在稻田灌排水渠和附近洼地及池塘内杂草上为害，所以清除这些杂草是减轻虫害的有效方法之一。在秋末、春初将上述杂草铲除，即可减轻潜叶蝇的危害。浅水灌溉。在潜叶蝇危害稻秧时期（第2代成虫产卵及幼虫期），浅水灌溉能使稻苗生长健壮、直立，可减少成虫产卵机会，以减轻虫害。药物防治：本田可用4.5%高效氯氰菊酯乳油200~300毫升+48%毒死蜱乳油200毫升，拌土撒施或对少量水喷淋。也可用阿维菌素1%乳油100毫升+48%毒死蜱乳油200毫升喷雾或拌土撒施，以上药物亦可以对水喷施于叶面。

调控——生育延迟，往往是由于低温、寡照、苗弱、植伤、插植过深、药害、虫害等多种因素造成。除了采取综合措施提前预防外，对当年已出现的生育延迟，要做具体分析，有针对性地采取措施。要注意及时灌护苗水和井水增温。分蘖肥要早施。因药害造成的生育延迟，要施用被多年实践证明有效的解毒药剂。生育不足主要表现是植株矮小，叶色浅淡，茎数不足，生长量不足。原因可能是低温寡照、耕层过浅、土壤漏水、氮磷钾缺乏或病虫草药害造成。要分析原因，采取有针对性的措施。同时注意井水增温、浅灌、防渗漏等。如前期氮素已足量施用，因低温寡照影响生育进程或生长量不足，不可增施氮肥。要准确区分各种生长不足产生的原因。要区分药害与肥料不足产生的生育延迟或生长量不足，旱田改水田地块，往往存在着旱田除草剂残留问题，水田因不正确施用除草剂也会产生当季药害，究竟是药害还是肥料不足，应具体情况具体分析。旱改水地块，要充分了解旱田三年内是否施用氯嘧磺隆（豆磺隆）、咪唑乙烟酸（咪草烟、普施特）、阿特拉津（莠去津）等高残留药物；还应充分准确地了解前茬的施肥情况和产量情况。如果前茬施用了高残留药物，药害表现分别为：氯嘧磺隆残留药害表现为心叶褪绿转黄，叶尖变黄干枯，叶片缩短变小，植株主茎和分蘖矮缩；根系短小，发黄，不伸展，不向下扎根，新生根不足1厘米，且根细。咪唑乙烟酸药害表现为心叶褪绿转黄，其他叶片叶尖枯干叶小根短、根细但不发黄，无锈根，植株矮缩，严重时心叶枯死。拔起受害稻苗与正常稻苗相比，根量明显减少。阿特拉津残留药害症状表现为生长缓慢，根系短，侧根少，并先从叶片尖端开始变黄、枯死，然后渐向叶基扩展，致使植株变小枯干，根系不伸长，并新生根死亡，根色变黄或成铁锈根，根尖开始死亡腐烂。

从以上的症状分析，残留药害主要表现是根系生长受抑制，受药害的水稻没有新根或新根量少，根细、根短、根尖腐烂等。当季除草剂药害也有类似的症状。如果没有这些症状，就要考虑肥料缺乏的问题，旱田改水田往往因为施肥量过少而造成生育延迟和生长量不足，如果根系长、根白、根粗、根量不少，而地上部生长缓慢、叶色浅淡、分蘖延迟、叶片上举或簇生往往是因为氮肥不足造成的。应适量补充氮肥。如果发生病害、虫害、草害要在田间实际观察，观察要仔细，从根部到叶部要充分看全。不能只看一个位置，要做到全田诊断充分才能得出准确的结论。

四、生育转换期〔($N-n$)叶龄期— ($N-n+2$)叶龄期〕

生育进程:水稻完成有效分蘖以后，由营养生长向生殖生长转换。生育转换期是以幼穗分化为中心，前后一个叶龄期，即($N-n$)、($N-n+1$)、($N-n+2$)叶龄期。具体到11叶品种为7、8、9叶龄期，时间大约在6月20日至7月2日前后；12叶品种为8、9、10叶龄期，时间大约在6月25日至7月7日前后。生育转换历期10~12天。叶龄进程晚限是：11叶品种6月20日前后7叶展开，6月25日前后8叶展开，7月2日前后9叶展开；12叶品种6月25日前后8叶展开，6月30日前后9叶展开，7月7日前后10叶展开。如遇低温寡照，叶龄将会变晚拖后；如遇高温条件，叶龄进程将会提前。

与产量的关系:此期是无效分蘖控制期，有效分蘖巩固期，同时也是每穗枝梗数的决定期。控制无效分蘖直接关系到有效分蘖的巩固。也可以防止封行过早，使后期生长环境恶化。

管理目标： 在前期早发的基础上，控制无效分蘖，提高成穗率，争取秆粗穗大。调整氮素，控制营养生长，确保适时完成生育转换。

诊断： 叶长、叶色、叶态。到 $N-n+1$ 叶龄期，也就是 11 叶品种 8 叶期，12 叶品种 9 叶期够苗时，叶片含氮率应该有所下降，叶色应该褪淡。产生这一现象的内在原因，是由于此时的生长中心已由营养生长向生殖生长转移，营养物质也由长叶长蘖为主向长穗为主转移。叶片含氮率的控制还可以通过水肥管理来实现。如前所述，基蘖肥要施足而不过量。目的是既要保证有效分蘖临界叶龄期茎数达到够苗要求，又要在此之前，即从茎蘖数达到计划收获穗数的 80% 左右开始，一直到拔节之前，选择适当的时机用 5~7 天，通过排水晾田，控制无效分蘖的发生，使田间最高茎蘖数不超过计划收获穗数的 20%。此时的正常长势应该是叶态挺拔，分蘖发生少而减缓。

主要技术措施

灌水——这个时期灌水管理的重点是排水晾田，控制无效分蘖。寒地稻作区主栽品种的特征，均系"重叠型"生育类型。分蘖尚未结束，幼穗分化已经开始，至颖花分化才拔节。这种生育特性决定了晾田不可能在幼穗分化开始以前结束。为了使晾田既能控制无效分蘖，巩固有效分蘖，又不影响幼穗分化，把握晾田的时机和程度十分重要。研究表明，在 N 叶抽出时晾田产生的水分胁迫，对 $N-2$ 叶的分蘖芽生长影响最大，其次为 $N-1$ 叶的分蘖芽，对 $N-3$ 叶的分蘖芽无显著影响。说明当 N 叶抽出时，$N-2$ 叶叶腋内的分蘖芽正处于对环境的敏感期，$N-1$ 叶叶腋内的分蘖芽处于较敏感期，$N-3$ 叶叶腋内分蘖处于不敏感期。在寒地稻作区主栽的 11 叶和 12 叶品种的有效分蘖临界叶龄期是 $N-n+1$ 叶龄期。因此，欲控制 $N-n+2$ 叶龄期产生的无效分蘖，合适的晾田时间应提前在 $N-n$ 叶龄期，即控制节位的前 2 个叶龄期。例如，主茎总叶数为 11 叶、伸长节间数为 4 的品种，希望在 8 叶期茎蘖数达到预期穗数后，于 9 叶期就抑制无效分蘖的发生。晾田必须提前到 7 叶期，当全田茎蘖数达到最后穗数的 80% 时开始。这样，当 8 叶抽出期土壤对稻株产生干旱胁迫时，对正在长出的第 5 叶腋的分蘖（$N-3$）并不产生控制作用，可以继续生长，完成穗数苗；而当时的 $N-2$（6 叶）叶腋内的分蘖芽被有效控制，当第 9 叶抽出时，第 6 叶腋内的无效分蘖就难以发生。如晾田期（水分胁迫期）持续延长 1 个叶龄期，可将 $N-1$ 叶（7 叶）腋内的分蘖也被有效控制。把握时机的原则是"权够不等时，时到不等权"。即当田间茎数达到计划收获穗数的 80% 左右时，要及时晾田，此时是排水晾田的最佳时机。对长势较差，茎蘖数不足的也不能无限期地等下去。最晚时限等到倒 3 叶初，即 11 叶品种 9 叶初，12 叶品种 10 叶初晾田。寒地中部稻作区 11 叶品种一般大约是从第 7 叶全部展开前后，即 6 月 20 日前后，当茎蘖数达到收获穗数的 80% 时开始，到第 9 叶全部展开，即 7 月 2 日前后，在这 12 天的时间内，选择适当时机晾田 5～7 天；12 叶品种一般是从第 8 叶全部展开前后，即从 6 月 25 日前后，当茎蘖数达到收获穗数的 80% 时开始，到第 10 叶全部展开，即 7 月 7 日前后，在这 12 天时间内选择适当时机晾田 5～7 天。为了控制第一节间拔得过长，也需要在第一节间伸长前 2 个叶龄期，即 11 叶品种 8 叶期，12 叶品种 9 叶期晾田，控制 11 叶品种与第 10 叶同伸，12 叶品种与第 11 叶同伸的第一节间伸得过长。这次晾田，是既可控制无效分蘖又可抑制第一节间伸得过长的一举两得措施。"程度"把握的原则是"晾而不晒，晒而不烤"。在这里，有必要对什么是晾田、晒田和烤田做一下解释。这项措施早在 370 多年前的《沈氏农书》中就有详细记载。各地的叫法不太一致。《沈氏农书》中叫"干田"，南方一些稻区叫"搁田"，北方一些稻区叫"晒田"，寒地稻作区叫"晾田"，也有的地方叫"烤田"。综合起来是一个意思，就是把田间的明水排干，使土壤直接暴露在阳光下、空气中干一干、搁一搁、晾一晾、晒一晒或烤一烤。晾、晒、烤是指在程度上由轻到重，搁田也有轻重之分。本书所说的晾田，相当于南方稻区的"轻搁田"。主要是通过排除田间明水层，利用叶面蒸腾和株间蒸发，降低稻田里土壤含水量的一项措施。其直接作用是控制土壤水分，增加土壤含氧量；其间接作用一方面可以减少土壤的铵态氮，使耕层土壤有效养分暂时降低。另一方面还可以减少细胞中自由水的含量。由于各地水稻生育类型不同，也随着理论研究上的深入，在时机和程度的把握上有些差别。比如，在搁田时机的把握上，已经从以往的"过苗搁田"和"够苗搁田"发展为现在的"超前搁田"。即如前面已经提到的，当全田总茎蘖数达到计划收获穗数的80%左右时，立即开始轻搁田，晾田即轻搁田。晾田的具体时间应于 $N-n$ 叶龄末期，当茎蘖数达到收获穗数的80%左右时开始，持续时间5～7天，以叶色"落黄"（顶4叶＜顶3叶，即倒4叶比倒3叶叶色略淡）为度。根据需要安排晾田次数，使无效分蘖尽量控制在更小的范围内。具体来说，本书中所说的晾田，是指通过排水，使田间无水层，土壤含水量为田间最大持水量，达到地面见干，脚窝有水，田面站人留脚印，稍陷脚的程度时停止排水。然后，通过叶面蒸腾和株间蒸发，使土壤含水量继续下降，晾田5～7天。当脚窝见干，土壤含水量低于田间最大持水量的80%左右时，恢复灌水。在这种状态下比建立水层的状态叶片的含水量低，主要是细胞内自由水含量少，使叶内自由水与束缚水的比值从浅水灌溉的 0.5 左右降到湿润处理的 0.3 左右。自由水是细胞进行生理活动和酶促反应的介质，它的减少势必导致叶片生理功能减弱，严重影响分蘖的发生。这是晾田可以控制无效分蘖的生理基础。由于晾田造成稻田短期水分亏缺，而且此时的幼小分蘖和高位分蘖的根系尚不健全，叶子细胞液浓度又低，极不耐脱水。所以，晾田后高位小分蘖常较主茎和低位大分蘖易脱水而死。这些小分蘖在死亡过程中，还有部分养分回流转入主茎，被主茎和大分蘖所利用。因而，晾田既可以控制无效分蘖，又有利于巩固有效分蘖，提高成穗率。控制无效分蘖的另一个办法就是控制氮素供应，这需要从两方面入手。首先是基蘖肥施用量不要过高。把一次大头肥或只施基蘖肥不施穗粒肥的施肥方法，变为基、蘖、穗、粒肥合理搭配施用，总的趋势是氮肥后移。控制无效分蘖期氮素供应的另一方面是通过排水晾田同时解决的。试验证明，土壤含水量与土壤溶液中的铵态氮浓度关系十分密切。水稻生育中期排水后，随着土壤含水量的下降，铵态氮的浓度也随之下降，分蘖量也相应减少。当土壤含水量降到 40% 时，铵态氮浓度正好下降到 30 毫克/升左右，分蘖曲线达到高峰值。此后，分蘖就不再增加了。而一直进行浅水灌溉的虽然土壤铵态氮量随着植物的长大也相应降低，但降势较慢，

30 毫克/升的出现时间要滞后一周以上。因此，分蘖高峰期的苗数要多 1/3，出现时间推迟 9 天。如果土壤铵态氮浓度能维持在 20~25 毫克/升不再继续下降，主茎和已生分蘖仍然能正常生长发育。一旦低于 20 毫克/升，就会影响既出分蘖成穗。因此，"程度"的把握是晾田不能太重，田里水分的直观状态是田面见干，脚窝有水。使土壤的相对含水量保持在 80%~100%。如果稻田保水性差，土壤 80%~100% 的相对含水量坚持不到 5~7 天，应及时补水，即俗称的跑马水。晾田过程中短时间的复水，既能使土壤铵态氮浓度得到回升，又可以防止晾田过重影响枝梗分化。如果需要，可在复水后再晾，又能使土壤铵态氮浓度维持在 25~30 毫克/升，达到新的分蘖不再发生，已生分蘖健壮成长的目的。碳、氮代谢好的植株，到这期末了，叶子的状态是叶片上冲，叶色转淡，绿中透黄，叶鞘和茎秆都有较多的淀粉积累。这样才能达到穗多、穗大和壮秆的高产要求。如果地势低洼或排水条件不好，仅靠晾田尚不能控制无效分蘖的地块，可适当晒一晒，但不能把田面烤出地裂子来。另外，晾田还可以改善土壤的理化性质，有利于中后期生长。特别对促进根系生长、增强根系的功能有利。晾田还可以改善田间小气候，提高植株的抗逆力。在控制节间伸长的同时，还可以强壮顶部叶片。

施肥——进入生育转换期，要调节氮素的吸收，促进生育中期由营养生长向生殖生长方面转换。要增强体质，提高碳、氮比，即提高碳素在稻体中的相对含量。控制无效分蘖，改善株形。但是在有效分蘖有效叶位后（11叶品种7.0~8.0，12叶品种8.0~9.0），有明显缺氮征兆时，应补施调节肥，使肥效接续到施穗肥，避免因脱氮而使叶片的光合能力下降，造成穗小、结实力不强。施用量不超过全年用氮量的10%。调节肥的施用一定要慎重，因为此时正是控制无效分蘖的关键时期。要准确判断正常落黄和脱氮的界限，否则会影响控制无效分蘖。

植保——此期田间的野慈姑、泽泻、扁秆藨草、日本藨草等阔叶及莎草科杂草已经出齐，在控制无效分蘖排水晾田的同时，可进行阔叶草的防除工作。除草方法：让田里的杂草露出水面。喷施灭草松、苄嘧磺隆等。苄嘧磺隆可以单独施用，也可以与灭草松一起混合施用。但此时施药不可以与2甲4氯混用，因为水稻在四叶前和穗分化开始后对2甲4氯敏感，易产生药害。寒地稻作区均系重叠型品种，在分蘖末期穗分化已经开始，已经到了2甲4氯的敏感期，如需要在灭草松中混用部分2甲4氯，这种混剂只能用于11叶品种5、6叶期，12叶品种的5、6、7叶期。具体用药量如下：灭草松48%水剂300毫升对水15升左右，喷施面积800~1 000平方米；灭草松48%水剂

200 毫升加苄嘧磺隆 30% 可湿性粉剂 10 克对水 15 升左右，喷施面积 800～1 000 平方米；灭草松 48% 水剂 150 毫升加 2 甲 4 氯钠盐 56% 可溶性粉剂 50 克对水 15 升左右喷施面积 800～1 000 平方米。

在 11 叶品种 6～7 叶期，12 叶品种 7～8 叶期有出现药害症状的可能，主要为丁草胺、二氯喹啉酸、丙草胺、苯噻酰草胺等化学除草剂应用不当产生的药害，此期药害较分蘖前期药害症状表现程度轻，主要表现为稻叶筒状、扭曲、黑根、抑制生长、不分蘖或分蘖慢、分蘖数少等现象。喷施复硝酚钠 1.8% 水剂 8～10 毫升对水 15 升，喷施面积 1 000 平方米。只用单剂即可，不要与其他植物生长调节剂混用。也可以用克药先锋 50 克对水 15 升喷施面积 1 000 平方米。用以上方法可以有效促进药害的缓解，让水稻恢复正常生长。

调控——因低温寡照、氮肥过多而导致的叶龄延迟或增叶，应该在井水增温的基础上考虑早晾田，减免调节肥。因前期长势不足、中期脱氮等原因导致的叶色浅淡、叶片短小、植株矮小、茎数不足或发生减叶现象，应提早施用调节肥和井水增温。

五、长穗期〔穗分化（$N-n+0.5$）叶龄期—抽穗期〕

生育进程：当水稻叶龄余数达到 3.5 叶时（11 叶品种 8 叶后半叶，即 7.5 叶；12 叶品种 9 叶后半叶，即 8.5 叶），幼穗开始分化，进入生殖生长期，到抽穗期这一阶段为长穗期。当幼穗可用肉眼或通过放大镜观察长到 1 毫米时，习惯上称此期为幼穗分化期。其实穗原基分化在 7~10 天前就开始了。当看到 1 毫米长的幼穗时，已经开始进入颖花分化期。在此之前，经历了茎节分化和枝梗分化两个阶段。穗的生长发育从茎节分化开始，到花粉完全成熟结束。当全田有 50% 的穗抽出时称之为抽穗期。在整个长穗期，地上部除了进行穗分化发育外，还要生出最后三片半叶子，形成茎秆；根向深发展，分枝根大量发生。长穗期生育晚限：11 叶品种 6 月 25 日前后 8 叶展开，此后 7 天左右增加一张叶片；12 叶品种 6 月 30 日前后，9 叶展开，此后 7 天左右增加一张叶片。11 叶品种在 7 月 2~9 日，随着第 10 叶的抽出；12 叶品种在 7 月 7~14

日，随着第 11 叶的抽出，茎基部第一节间开始伸长（拔节）。一般 11 叶品种 7 月 16 日前后，12 叶品种 7 月 21 日前后，开始进入孕穗期。当年孕穗始期的具体时间以剑叶叶枕与倒 2 叶叶枕间距为 0 时为准。高产田的最大适宜叶面积应在孕穗期达到，群体应在孕穗期适时封行。抽穗期单茎应保持和伸长节间数相等绿叶数。这样，一方面可使抽穗后群体叶面积能截获 95% 的阳光辐射，充分利用光能；另一方面，使群体在拔节到抽穗期间，中、下部有充足的受光条件，保证上层根充分发育生长和底部两节得到充实，有助于壮秆大穗的形成。孕穗期封行后，群体尚有约 5% 的透光率，保证基部叶片的受光量达到补偿点的 2 倍以上，以延长基部叶片的寿命和生理功能，保证根系有充足的养分供应。群体不能按时封行，固然不能高产；群体提前在拔节期封行，则是高产栽培之大忌[6]。到孕穗期，茎基部第一节间正值充实盛期，第二节间已达到定长，具备了很强的抗倒伏能力。此时封行是水稻封行的最佳期（插页，此图为一示意图，在这里只代表充实度，不代表节间长度)[6]。此时也正值大暑前后，是全年气温最高的时段。水稻叶面积达到了最大值，稻株的蒸腾量大，土壤水分蒸发量大，需水量大，对水特别敏感，在灌水管理上要特别注意。进入孕穗期以后约 9 天时间，11 叶品种在 7 月 25 日前后，

12叶品种在7月30日前后，有50%穗抽出即达到抽穗期（全田有10%出穗为始穗期，50%穗抽出为抽穗期，80%抽出为齐穗期。从始穗到齐穗约7天）。

与产量的关系：长穗期枝梗分化多少，颖花分化多少和退化多少决定颖花数；花粉育性高低影响粒数。

管理目标：此期既要满足水稻正常生长发育对水分的需要，又要防止土壤过分还原，产生黑根、烂根现象。在低温敏感期还要预防障碍型冷害的发生。确保适期安全抽穗，增加穗数、结实率、千粒重。

诊断：叶长、叶色、叶态：一般11叶品种第9叶最长，35厘米左右；12叶品种第10叶最长约40厘米左右，均系倒数第3叶。以后以5厘米左右长度递减。11叶品种剑叶长度25厘米左右，12叶品种剑叶长度30厘米左右。合理的冠层结构，应该严格控制基部抱茎叶的长度，在此基础上尽可能提高顶部2叶的长度，并保持叶片直立。高产群体叶色"黑黄"节奏变化：从返青后到（$N-n$）叶龄期，群体叶色应"黑"，有利于促进有效分蘖发生，形成壮苗；从无效分蘖到拔节期，叶色应褪淡。主要目的是控制无效分蘖和茎基部叶片及节间的伸长，为中期稳长打好基础；从（$N-n+3$）叶露尖，即11品种10露尖，12叶品种11叶露尖也就是颖花分化开始起直至抽穗后15～20天，叶色应回升显"黑"（二黑），有利于巩固穗数促进穗分化形成大穗，并提高结实率；抽穗 15 ~ 20 天后，从底部叶片开始叶色逐渐褪绿，直至成熟期能保持上边 2 片以上绿叶，有利于提高结实率和粒重。幼穗分化期达定型高度的 55% 左右，孕穗期达 75% 左右，齐穗期株高定型。剑叶节距地面的高度占定型高度的 1/2 以内是高产长相。

主要技术措施

灌水——长穗初期的灌水管理，在生育转换期已有详细论述。所以长穗中、后期的灌水管理从拔节开始说起。此时，水稻进入生殖生长的旺盛期，群体的蒸腾量猛增，是生理需水最旺盛的时期。稻田蒸发量达到高峰值，进入稻田耗水量最大期，需要有足够的水分保证。此时另一个重要的生理特点是上层根开始大量发生，整个根群向深广两个方向发展，是水稻一生中根系发展的高峰期，至抽穗期达到最大值。长穗期促进根系生长的重要条件之一是协调土壤的水气矛盾。在土壤通气良好的条件下，土壤处于氧化状态，使土壤的理化性状和环境条件得到改善，不仅有力地促进根系的生长，同时使部分土壤氮素氧化为硝态氮。水稻在拔节后是容易吸收硝态氮的，并在根部合成玉米素（Z）和玉米素核苷（ZR）等细胞分裂素，对促进穗分化和籽粒结实，以及防止生育后期叶片早衰起重要作用。因此，一般在此时，即从拔节开始一直到抽穗，宜采用浅水层和湿润交替的灌溉方式。这样既可以满足水稻在此时对水分的大量需要，也可以促进根系的代谢活性，增加细胞分裂素的产生，从而促进大穗的形成。在这里还须特别指出的是，在以后结实期浅湿交替灌溉方式的增产作用是在长穗期实行浅湿交替灌溉的基础上发挥的。如果长穗期长期水层灌溉，根群发展的基础就不好，结实期采取浅湿交替灌溉效果就不那么明显。

在长穗期有一个需要特别注意的时段就是减数分裂期。减数分裂是指性细胞分裂时，染色体只复制一次，细胞分裂两次而使染色体数目减半的一种特殊分裂方式。这时是水稻对温度最敏感的时期之一。此期如连续3天日平均气温低于 $19 \sim 20 \, \text{℃}$ 或夜间最低气温连续3天低于 $15 \sim 17 \, \text{℃}$，就会发生障碍型冷害。这是寒地稻作区对产量影响较大的主要自然灾害之一。事先准确掌握减数分裂期到来的时间和当时的温度，是预防障碍型冷害的重要依据。我们可以通过叶龄调查预知减数分裂期到来的准确时间。通过当地气象台站在网上公布的天气预报，提前3天就可以较准确地掌握减数分裂期的气温变化状况。如果此期夜间最低气温不低于 $15 \sim 17 \, \text{℃}$，日平均气温不低于 $19 \sim 20 \, \text{℃}$，就按浅湿交替的灌溉方式正常管理；如果预报夜间最低气温连续 3 天降到 15～17℃，日平均气温降到 19～20℃以下，要在低温到来之前，把稻池中的水深升至 20 厘米。这样，就可以大大减轻或避免低温造成的危害，减少或避免由于花粉败育导致空壳率的增加。目前，这是有效防御减数分裂期障碍型冷害的唯一办法。"大量调查发现，水稻从地面到高 15 厘米的范围内，约有 50% 的花；20 厘米的范围内，80% 的花包含在内。15 厘米以下的浅水层难以躲避障碍型冷害"[15]。这里有两点需要注意，一是要增强对障碍型冷害的防范意识。减数分裂期的低温冷害虽然不是年年都有，但发生的几率很高。根据黑龙江省气象科学研究所的资料，该所通过对黑龙江省 32 个气象站 1961～2006 年 46 年的资料统计分析，结论是，有 17 年出现障碍型冷害，占总年数的 40%，而且冷害的发生无明显规律。根据佳木斯气象局 2000～2010 年对连续 11 年 7 月份气象资料的统计分析，日平均气温在 11 年中有 4 年有连续 3 天低于 19～20℃的时段，出现的几率为 36%。而低温具体出现在哪几天，在时间上也不固定。2010 年出现在上旬，2002 年出现在中旬，2006 年和 2009 出现在下旬。仅从这 11 年的统计看，在这三个时段都有发生障碍型冷害的可能。由于减数分裂期障碍型冷害尚无规律可循，单纯靠品种的调整或播种期、插秧期的调整还解决不了减数分裂期的障碍型冷害问题。从根本上解决问题的办法还是深水保温。在筑埂时就要有准备。埂子的高度和厚度要保证20厘米水深不被冲垮，在插秧过程中由于脚踩或机械碾压而破损的埂子一定要修复。减数分裂期障碍型冷害发生的几率虽然很高，但是即使在灾年也并不是块块地都需要防。由于品种差异和播种、插秧早晚的差异，有的品种有的地块可能在减数分裂期侥幸错过低温时段，而有的品种有的地块在减数分裂期就正赶上当年的低温时段。需要深水保温的就是针对当年在减数分裂期正赶上低温的品种和地块。这就需要对具体地块和具体品种做出准确的预测，才能做到防控障碍型冷害有明确的针对性。二是在灌水时不要一次性灌入过多刚抽出的井水。此时虽然已进入全年气温最高的时段，但刚抽出的井水仍然是只有5～6℃的"井拔凉水"。要防止人为造成低温冷害。当前电脑的普及率已经很高。一个村或一个生产合作社有一台电脑上网，大家都可以受益。只要减数分裂期连续3天日平均气温低于19～20℃，夜间最低气温低于15～17℃，在没有防护措施的情况下，灾害就会发生。而且温度越低，持续的时间越长，灾害就会越重。黑龙江省气象科学研究所研究得出的结论是，孕穗期障碍型冷害期间平均温度每下降1℃，水稻单产每公顷降低1 234.117千克；孕穗期障碍型冷害持续时间每延长1天，水稻单产每公顷下降104.208千克。在一些灾害严重的年份，有的地块空壳率高达80%以上。一些受过低温影响的细心稻农，往往有这样的体会，在减数分裂期，同样受低温的影响，由于地不平而造成稻池中水的深浅不一，水深的地方，空壳率就低得多。稻农把这一现象称之为"深水孕大穗"。

花粉母细胞减数分裂的起始期，如果用叶龄余数来表达为0.4，用叶龄来表达就是$N-1+0.6$。由于花粉母细胞减数分裂期跨越剑叶完全抽出的前后，而单纯用叶龄余数值或叶龄值来诊断，只有该期起始的叶龄值或叶龄余数值，故不可能了解全穗完成时的叶龄情况。为了弥补这一不足，可以把剑叶的叶枕和下一叶叶枕之间的距离作为鉴定全穗完成减数分裂的诊断指标，此法称为叶枕间距诊断法[4]。以厘米为单位，剑叶叶枕抽出之前为负值，抽出以后为正值。寒地稻作区主栽的品种均系早熟组品种，完成减数分裂的时间相对较早也较短。叶枕距2~3厘米时，100%的已进入减数分裂和花粉充实期，叶枕距7~10厘米时，减数分裂已完成。所以，寒地稻作区防御减数分裂期障碍型冷害，只须在叶枕距±10厘米阶段注意防范就足可以达到防范的目的。对一朵花来说，减数分裂期不足2天时间[10]。但是，在1公顷本田里，颖花总数达到3亿~4亿朵，高产田多达5亿朵以上，减数分裂不可能同时进行。即使在同 1 个穗上也有先有后。当剑叶叶枕与倒 2 叶叶枕持平即孕穗期刚开始时，穗顶部颖花的减数分裂就已经结束，开始进入花粉粒外壁形成期，而穗中部正在花粉母细胞减数分裂盛期。到剑叶叶枕与倒 2 叶叶枕的叶枕距为 + 10 厘米时，全穗的减数分裂期才结束。对全田来说，减数分裂期大约需要 7 天。如果把这段时间具体到叶龄期，就是剑叶展开前 3 天到后 3 天之间。按常年平均，11 叶品种这段时间在 7 月 16 日前 3 天至后 3 天，即 7 月 13 ~ 19 日；12 叶品种这段时间是在 7 月 21 日前 3 天至后 3 天，即 7 月 18 ~ 24 日。由于气候波动，生育进程在年际间会有差别。所以，每年的减数分裂期并不固定。具体到当年减数分裂期的时间要通过叶龄调查和叶龄诊断来确定。比如 2010 年，在佳木斯地区由于插秧后 6 月份一个月的时间气温明显偏高。当月日平均气温累计为 713.5℃，比常年同期增加了 93.2℃，使营养生长期生育进程较常年提前了 7 ~ 10 天。到 7 月上旬，气温突然下降，日平均气温从 7 月 3 日的 25.2℃下降到 7 月 6 日的 15.0℃。7 月 5 日、6 日、7 日连续 3 天的日平均气温分别为 16.6℃、15.0℃、17.7℃，明显低于 19 ~ 20℃。这么低的温度和这么长的时间，如不采取措施，发生障碍型冷害是肯定的。实践已经证明，当年一些播种插秧早的 11 叶品种，当时采取深水保温措施的农户，空壳率并没有增加，而没有采取措施的，空壳率却大量增加。因为防御减数分裂期障碍型冷害需要有充足的准备时间和过程，所以重要的不仅是当减数分裂期到来时对其进行准确的测定和判断，更重要的是在减数分裂期到来之前的准确预测。这样才能为深水保温留足充分的灌水时间。以井水为灌溉水源的地块更为重要。预测方法是：当剑叶叶枕还在倒2叶叶鞘内，距离倒2叶叶枕还有10厘米时为减数分裂始期。11叶品种剑叶长25厘米左右，12叶品种剑叶长30厘米左右，此时剑叶抽出的长度11叶品种15厘米左右，12叶品种18厘米左右。11叶品种为10.6叶龄期，12叶品种为11.6叶龄期，此时就是减数分裂始期。这与用叶龄余数值0.4来表达是一致的。从剑叶露尖到11叶品种10.6叶龄期，12叶品种11.6叶龄期历期4天左右，这样，我们可以从剑叶露尖就开始关注当地气象台在网上公布的当地的天气预报。看看剑叶露尖3天以后有没有低温过程，如果有足以造成障碍型冷害的低温过程，可以在低温到来之前，提前3天，向需要深水保温的稻池中灌水。在低温时段，哪块地正赶上减数分裂就给哪块地灌深水。特别是小孢子初期，即对低温最敏感期，一定要通过深水保温防止花粉败育。在低温到来之前，把水深灌到20厘米，就可以大大减轻或避免减数分裂期障碍型冷害的发生。如果灌溉水源是自然水，可以在低温到来之前一次性灌足；如果是井水，可以采取缓慢灌水，白天晒，在低温到来之前陆续把水深灌到20 厘米。

施肥——长穗期施肥，即所谓"穗肥"。是在倒 2 叶（顺数 $N-n+3$ 叶）露尖到长出一半时，11 叶品种 9.1～9.5 叶龄期，时间在 7 月 2～5 日；12 叶品种 10.1～10.5 叶龄期，时间在 7 月 7～10 日追肥。此时经排水晾田后无效分蘖已经得到有效控制。从生育进程看正是颖花分化始期，从严格意义上讲，这次追肥实质上是保花肥。这一时期是决定颖花多少，进而决定穗子大小的关键时期，不能因为缺肥而影响大穗的形成。所以，穗肥在此时追施最合适。此时又是拔节期，也不能因为氮肥过多使第一节间拔得过长，降低抗倒伏能力。施氮量一般为全年用氮量的 20%。同时要追施一定量的钾肥，最好是氯化钾。这是因为，钾有助于加强茎秆中厚壁组织木质化，促进根茎加厚，维持细胞的高膨压及维管束的发育，因而有利于抗倒伏；同时，氯不仅是植物所必需的 16 种营养元素之一，而且氯离子的生物化学性质最稳定，它能与阳离子保持电荷平衡，维持细胞内的渗透压和膨压。植物体内氯的流动性很强，输送速度很快，能迅速进入细胞内，提高细胞的渗透压和膨压。渗透压的提高可增强细胞吸水，并提高植物细胞和组织束缚水的能力，这就有利于促进植物从外界吸收更多的水分；在干旱条件下，也能减少植物丢失水分。提高膨压有助于茎秆和叶片坚挺直立。氯也有助于纤维素的合成，而纤维素是细胞壁的重要组成部分。所以氯也可以增强茎秆的机械强度，为抗倒伏出力。施穗肥时，正是晾田控制无效分蘖后恢复灌水的时期。灌水时先不要建立水层，灌到土壤湿润达到花达水时追施穗肥较好。这样，施肥第二天肥料被土壤吸附后再灌浅水层有利于提高肥效。在施用氮、钾肥的同时，也要注意硅肥的施用。

植保——此期的重点是防治稻瘟病、细菌性褐斑病、纹枯病。防治叶瘟的最佳期是水稻倒 2 叶伸展期。11 叶品种为 7 月 2～9 日；12 叶品种在 7 月 7～14 日。

稻瘟病：稻瘟病属真菌性病害，是寒地稻作区最主要的病害。高发年减产幅度最大。严重的地块可以达到绝产的程度。病菌以菌丝和分生孢子在病稻草和病种子上越冬。大棚旱育秧在浸种时都要进行种子消毒，而且春季气温低，所以寒地稻作区基本不发生苗瘟。病菌主要是在病稻草上越冬，来年温、湿条件适宜时，病稻草上的病菌即可产生分生孢子，借气流传播到水稻上，很快萌发，直接穿透表皮侵入叶片，引起初侵染，使叶瘟发生。再通过气流传播引起再侵染，使叶瘟加重，并繁殖出大量分生孢子，进而引起穗颈瘟、节瘟、枝梗瘟、粒瘟发生。稻瘟病的发病条件主要是低温、寡照、高湿环境。低温、寡照降低水稻抗病性，高湿对病菌孢子萌发和侵入有利。

防治方法：第一是选用优质、高产、抗病的品种。第二是减少菌源，及时处理病稻草，割除池埂边和排灌渠系上的杂草。第三是加强水肥管理，提高水稻的抗病性，肥料使用要注意氮、磷、钾配合，不要偏重过量使用氮素化肥。第四，田间调查与药剂防治：为了准确及时用药，首先应进行病情调查。当气温达到20℃时，每逢降雨后，感病品种、高肥田、入水口、粪堆底子等地要进行调查。观察有没有急性病斑出现，如有急性型病斑应立即进行药剂防治。施药后10天左右，病情仍在发展可再施药一次。一般叶瘟防治的最佳期是倒2叶伸展期。如叶瘟于孕穗期才开始发生，病情不重，可结合预防穗颈瘟一并进行药剂防治。穗颈瘟防治最佳期是孕穗末期到抽穗始期进行。不论叶瘟发生轻重，均应进行一次药剂防治。为了控制穗颈瘟的发展，最好在齐穗期再进行一次药剂防治。可选用的药剂有：富士一号（稻瘟灵）乳油每公顷1 125～1 200克，对水喷雾。75%三环唑可湿性粉剂，每公顷300～450克，对水喷雾。50%稻瘟酞可湿性粉剂，每公顷1 125～1 500克，对水喷雾。有细菌性褐斑病和纹枯病与稻瘟病同时发生时，可选用氯溴异氰尿酸可溶性粉剂 450～600 克/公顷或咪唑喹啉铜 33.5%（SC）400～500 克/公顷，对水喷雾。

纹枯病：在我国各稻区均有发生，黑龙江省1990年以前极少发生。由于水稻栽培面积不断增加，此病在寒地稻作区有逐年加重的趋势。对产量的影响轻者减产7%左右，重者可减产40%～60%。如果引起倒伏、茎叶腐烂损失更大。该病是由丝核菌属的真菌引起。病菌主要以菌核在土壤中越冬，也能以菌丝和菌核在病稻草、田边杂草及其他寄主上越冬。一般在分蘖盛期至孕穗初期，病菌菌丝主要在稻株间或稻丛间不断做横向扩展（水平扩展），随后病部病菌菌丝从下部叶鞘向中上部叶鞘扩展（垂直扩展）。病状识别：最初发生于近水面的叶鞘上，初呈暗绿色、边缘不清晰的斑点，以后扩大成椭圆形，边缘呈淡褐色，外围呈湿润状。湿度低时，边缘暗褐色，中央草灰色至灰白色，病斑多时，常多斑溶合在一起，形成不规则形、云纹状大斑。防治方法：科学灌溉，适时排水晾田发病则轻。防止片面过多施用氮肥，搞好氮、磷、钾合理搭配，提高抗病力。对中病型和重病型田块，一般宜在水平扩展阶段及时施药防治。可选用的药剂有：井冈霉素20%可溶性粉剂或水剂200～300 克/公顷，对水 120 升喷雾。氯溴异氰尿酸50%可溶性粉剂

400～600 克/公顷或咪唑喹啉铜 33.5%（SC）400～500 毫升/公顷，对水 120 升喷雾。

调控——生育延迟。因前期低温寡照及增叶导致的生育延迟，在底肥、蘖肥已足施的前提下，应考虑穗肥少施或免施。同时注意晾田控氮及井水增温等。生长量不足或出现减叶现象，应考虑提前施用穗肥。有病害发生的地块应先治病后施肥。

六、结实期（抽穗—成熟）

生育进程：一般 11 叶品种 7 月 25 日前后，12 叶品种 7 月 30 日前后进入抽穗期。11 品种在 7 月 28 日前后，12 叶品种在 8 月 2 日前后进入齐穗期。从抽穗前 15 天到抽穗后 25 天，是产量决定期。历经开花、授粉、灌浆（乳熟、蜡熟、黄熟），最终完成水稻的一生。开花授粉后 7～9 天，子房纵向伸长，12～15 天长足宽度，20～25 天厚度定型。籽粒鲜重在抽穗后 25 天达到最大，35 天干重基本定型。从抽穗到最终成熟需 40～50 天，活动积温 900℃左右。

与产量的关系：结实期是稻谷产量形成期。此期一切生理活动都围绕灌浆结实而进行。根部吸收的养分、水分，叶片的光合产物以及茎秆、叶鞘中积累的养分都向穗部转运，是最终决定结实率和粒重的时期。常因抽穗扬花期的不良气候条件而影响受精和子房发育；因环境条件及病、虫害等因素影响灌浆结实，最终影响结实率和粒重。

管理目标：养根、保叶、防早衰。保持结实期旺盛的物质生产和运输能力。保证灌浆结实过程有充足的物质供应，确保安全成熟，提高稻谷的品质和产量。

诊断：此时主茎或单蘖绿叶数有 4 片。开花需要较高的温度和充足的光照。此期如遇低温、连续阴雨，将增加空壳率。灌浆结实过程以日平均气温 20℃ 以上为好。寒地稻作区在自然条件下一般没有高温危害。气温低，灌浆速度慢。时间在 9 月 13 日前后，当日平均气温降至 15℃ 以下时，植株物质生产能力丧失，这是水稻安全成熟的晚限。时间在 9 月 19 日前后，当日平均气温降至 13℃ 以下时，光合产物停止运输，灌浆随之停止，这是水稻最终成熟的晚限。水稻只有在秋冷前自然成熟，才能达到质量好、产量高的要求。农谚说的"秋分无生田"，指的就是即使在秋分（9 月 23 日前后）前不下霜，庄稼也应该自然成熟了。而靠下霜逼熟，对水稻的产量和质量都会有不利的影响。当然，活秆成熟的水稻在已经成熟以后经秋霜点一点，对稻谷站秆晾晒、脱水上干有利，便于及早机收。结实期叶长和叶态都已定型，功能叶为剑叶。正常叶色为绿而不浓。若长期淹水，过早停灌或严重脱肥，都会使叶片衰老速度加快，导致物质生产不足，秕粒增多，粒重降低，降质减产；若后期施氮过多，叶色过浓，则光合物质向籽粒分配减少，灌浆速度减慢，也会造成秕粒增多，粒重降低。

主要技术措施

灌水——从抽穗扬花到灌浆前期，田间要建立水层。此时严重断水会影响受精结实。以后采用干干湿湿以湿为主的间歇灌溉。这是因为，水稻到了结实期，从叶到根，不仅氧的输导距离加长了，而且上部节间通气组织也不如前期发达。有的品种，从基部第4节间起即无通气组织分化，因而，容易使根部缺氧。加上拔节以后不再发生活力强大的新根，因此，创造干干湿湿的条件，可以间断地直接向根部供氧。这样，既能维持老根的生理机能，有利于维持叶片活力，延长叶片的光合功能，又能促进光合产物向籽粒运输。此时稻根逐渐衰老，活力下降，而碳、氮有机物几乎是按严格的比例进入籽粒。因此，如果根系早衰，容易造成来自土壤的氮素供应不足，进入谷粒的氮素只能从叶片抽取。这样，势必造成叶片早衰。此外，根系能合成氨基酸和某些生理活性物质，可以维持叶片活力。所以，只有养根才能保叶，而养根必须给土壤供氧。只有活水灌溉和干干湿湿，以湿为主的灌溉方式，才能以水吊肥，以气养根，以根保叶，活叶成熟，籽粒饱满。

具体灌溉方法是：乳熟期间歇灌溉，灌3～5厘米浅水，自然落干至地表无水，脚窝有水再补水，如此反复；蜡熟期灌3~5厘米浅水，待自然落干至地表无水，脚窝也无水再补水，如此反复。直到蜡熟末期停灌，黄熟初期排干。抽穗后30天不停灌，防止撤水逼熟，造成稻谷的产量、质量都降低。个别排水条件不好的地块，停灌时间可以适当提前。

施肥——结实期的追肥称为粒肥。施用的时间通常是见穗到齐穗期间施用。由于传统施肥习惯的影响以及在生产中确实存在由于氮肥过多而造成生长过于繁茂导致贪青晚熟现象的发生，至今，许多农户对抽穗扬花期施氮肥仍然心存余悸。

粒肥对于提高结实率增加粒重有比较稳定的效果，这是早已被实践证明的事实。怎样才能做到既能增产又不会因为粒肥的施用而引起贪青，这是每个稻农都希望掌握的技术。实验表明，水稻贪青晚熟，不单纯是因为高氮带来的后果，而是只有在高氮和大群体两个因素都具备的条件下才会发生。我们将齐穗期的叶片含氮量与叶面积系数的乘积称为群体指数，用来表示其总体水平。在群体指数较低时，单位面积实粒数随群体指数增大而增加；实粒数至最大值后，群体指数再增大，单位面积实粒数反而减少，表示植株已经贪青。群体指数越大，贪青越重。其转折点的群体指数为39.4。把实粒数曲线的转折点39.4视为高产稻与贪青稻的界限是恰当的。用与转折点相应的群体指数作为判断水稻是否出现贪青的指标也是可行的[7]。

由于群体指数是齐穗期剑叶含氮量与叶面积系数乘积，因此，同一群体指数值可有许多组合形式。如群体指数28，可以是叶面积系数7和叶片含氮量4%，也可以是叶面积系数8和叶片含氮量3.5%等；水稻进入孕穗期，剑叶已经全部展开，其他叶片也基本定型，所以孕穗期与齐穗期叶面积也大致相当。据此，只要孕穗期掌握相关数据，就能以群体指数为指标进行调控，使产量形成的群体功能维持在较高的水平，又不至于发生贪青。如孕穗期测定，叶面积系数为9，最大功能叶为倒2叶含氮量为4.5%，其乘积为40.5，已超过贪青指标，这样，在见穗到齐穗这个阶段的粒肥就应当免施。如孕穗期测定，叶面积系数为8，最大功能叶含氮量为3.5%，乘积等于28，至始穗时，若叶色又略显淡，从见穗到齐穗这个阶段的粒肥就应即补施，使叶片含氮量维持在4%左右，群体指数保持在32左右，以增加光合产物的积累量，达到高产的目的。这时追肥的用量一般不超过全年用氮量的10%。施粒肥的具体时间是：对植株小，穗数不足，落黄叶多的地块在始穗期施用；反之，根据褪淡情况，在抽穗后7天施用。

植保——防治穗颈瘟、枝梗瘟、粒瘟、节瘟及其他穗部病害。水稻穗颈瘟、节瘟的损失最大，严重的能够绝产。枝梗瘟、粒瘟损失相对小一些，但也是重点防范的病害。此时，田边与池埂上的杂草长势已经达到最旺盛时期，此时气温高相对湿度大，往往是杂草先感染，而后随气流传播进一步侵染水稻，因此，清理干净这些杂草是防病的重点；如果在乳熟期发生了稻瘟病，首先要找到发病中心，把这里的病原菌进行充分彻底地杀灭，保护感染较轻和未被感染的水稻；控制氮肥的施用进一步减轻病害的发生；化学防治方法如前述。水稻孕穗末期与齐穗前，是防穗颈瘟的最佳期。抽穗后15天是防枝梗瘟的最佳期。

调控——因抽穗晚，抽穗期低温寡照，叶色浓而出现灌浆延迟或有贪青晚熟危险时，可采取叶面喷施黄腐酸液体肥料或磷酸二氢钾，对促进早熟、增加抗病性有好处，同时注意井水增温。

七、收获期

　　水稻适期收获的标准是：95% 以上的谷粒颖壳变黄，2/3 以上穗轴变黄，95% 以上的小穗轴和副颖变黄，即黄化完熟率达到 95% 为收获适期。收获后，捆、码或放铺晾晒，水分降到 16% 以内；经过脱谷、晾晒，使水分降到 14.5% 的标准。如用干燥机干燥时，温度要控制在 45℃ 以内，每小时降 1 个水分，以免降低品质。整个晾晒过程防止湿、干反复，增加裂纹米率。按品种分类脱谷。换品种时，必须清扫场地及机具，防止异品种混杂，降低产品等级，脱谷机转数每分钟控制在 500 转以内，谷外糙不超过 2%。粮食入库贮藏，最晚在结冻前完成。防止冰冻、雪捂降低品质。水稻种子要割在霜前、脱在雪前、藏在冻前。降到 14.5% 的标准水分入库，确保种子安全越冬。

附　录　寒地水稻旱育壮秧
实用图解

置床建设

置床，即摆放秧盘的苗床。选择背风、向阳、排水条件好、取水方便的旱田地，或行走、运苗方便的水田田边做苗床地。以永久性苗床最好。旱田平地苗床需要挖渗水沟（插页图）；本田田边做苗床地，需构筑 40 厘米以上高台。一栋大棚 360 平方米苗床，可供 4 公顷本田用苗。

寒地稻作区冬季冻土深度达 2 米左右。如果在本田做床不筑高台，或在旱田平地做床不挖渗水沟，当地下水位高、或封冻前排水不彻底、或秋雨大雨封地时，春季化冻以后，由于冻土顶板的阻隔，融冻水不仅难以下渗，还会沿毛细管上升。平常把这一现象称为返浆。在寒地中部稻作区，返浆期长达 2 个月之久（插页图）。从水稻苗床播种到插秧结束，整个育苗和插秧期，秧苗都是在返浆期度过的。在播种之前，还要浇透底水。如果本田地做苗床不筑高台或旱田平地做苗床不挖渗水沟，苗床里多余的水分只能滞留在表层。特别是扣棚晚、化冻浅的苗床，当返浆水过多，超过毛管孔隙的容量时，多余的返浆水就会渗入土壤大孔隙。这样就会把大孔隙中的空气挤走，使本应该装空气的大孔隙被水充满，使苗床土壤水分达到饱和或过饱和状态。旱育苗就变成了湿润育苗，甚至变成水育苗。这样的环境条件对根系发育极为不利。这就失去了旱育秧的意义。这是育苗时，秧苗盘根不好的主要原因，也是在偏碱性土壤上育秧时，在2叶1心后经常出现的青枯死苗的重要原因。为了解决这一问题，需要在大棚周围和中间过道下挖渗水沟（暗沟）。沟深0.7~1米。如果周围是明沟，沟上部可以适当宽些，防止片帮；如果是暗沟，宽度可以适当窄些（暗沟内用稻壳或江沙填充，表层用20厘米厚的土封上）。无论是明沟还是暗沟，都要够深，而且深浅一致，沟沟相通，最后与农田总排水沟相连。在暗沟与明沟相连处，可用装沙的塑料编织袋封堵，使之既可以向外渗水，又可以防止暗沟内的填充物外流。土壤开始化冻以后，多余的冻融水就会通过侧渗排入沟中。给苗床浇水时，多余的水也会被排入沟中。只要秋季水稻成熟后收割前排水时排水沟中不留尾水，苗床就能始终保持旱田状态。春季育苗时就不会出现饱和或过饱和现象。这样就为秧苗提供了一个既可以吸水又能呼吸的土壤环境，为旱育壮秧打下良好的基础。特别是盐碱土地区，融冻水中盐的含量往往较高。盐的动态是本着"盐随水走，水变气散，气散盐留"的规律运动的。随着叶面积的增加和温度的升高，苗床中水的蒸腾、蒸发量会迅速增加，春风大时这种现象更严重，最容易使苗床表层土壤产生过多的盐分积累。加之壮秧剂中养分含量往往很高，这些营养成分几乎全部都是盐类物质；壮秧剂中的调酸剂施入土壤以后大部分也会变成盐。这些物质的加入也会使表层土壤，即幼苗的根区积累过多的盐分。如果在壮秧剂的使用中再有超量使用现象，就更容易加重盐害的发生。2叶1心以后经常出现的青枯死苗，往往与上述原因有直接关系。畅通的苗床排水（渗水），可以控制超量返浆水的出现，不仅可以为秧苗提供一个既可以吸水又可以呼吸的环境条件，也可以大大缓解盐害的发生。所以，平地苗床挖渗水沟或本田苗床筑高台，应该作为置床建设的重点工程，不能视为可有可无。

床土改良与培肥

育秧先育根，育根先肥土。过去旱育秧苗床土提倡用旱田土，最好是菜园土或山地腐殖土。无疑，这些都是理想的旱育秧苗床土。但是，旱育秧是带土移栽，苗床土都随着秧苗一起移入了本田。每年春季育秧都需要大量的苗床土。依靠从旱田地取土不现实；菜园土亦是弥足珍贵；挖山地腐殖土是对生态环境的破坏，更不可取。在实际生产中，从本田取土才是唯一可行的办法。按要求，水田土直接拿来做旱育秧苗床土，在理化性质方面都有一定的差距，这就需要对其进行改良。主要是改良保水性、保肥性、通透性、耕性等物理性质方面的问题。同时，各种养分要充足，pH 值也要适宜。目前，许多稻农改良床土主要是依靠壮秧剂。壮秧剂一般都具备调酸、抑菌、增肥三大功能。在改良床土的化学性质、增加养分和抑菌防病方面起很大作用。对物理性质方面的改善还须农户另行解决。改善苗床土物理性质的方法，主要是通过加入发酵好的有机肥或泥炭提高苗床土的持水性、改善通透性、改良其耕性。对一些黏性过大的苗床土可以加入一定量的沙子；对一些沙性过大的苗床土除了加入一些发酵好的有机肥或泥炭之外，同时加入一些黏性土壤，使之分别由黏性或沙性向壤性转化。使苗床土的各项理化指标都能达到理想的指标。土壤孔隙有大孔隙和小孔隙之分。小孔隙又称毛管孔隙。土壤水分靠表面张力滞留在毛管孔隙中。植物吸水主要来源于此。由于重力作用，大孔隙存不住水，恰好被空气充满。这就为植物提供了一个既可以吸水又可以呼吸的土壤环境。这是旱育秧根系健康生长的必要条件。如果床土小孔隙相对较多，大孔隙相对较少，保水性能相对较强，通气性能相对较差，黏性土往往如此；如果苗床土大孔隙相对较多，小孔隙相对较少，通气性能相对较强，保水性能相对较差，沙性土往往如此。对于秧苗来说，水和氧都很重要，所以要求床土的总孔隙度要大一些。一般占到土壤总容积的 70% 为好。在总孔隙中，大孔隙要占 10% 以上。这样，才能保证对秧苗氧和水的充分供应。床土的 pH 值也应做适当的调整，以 4.5~5.5 为好。

除了置床和床土进行必要的改良以外，还要想方设法提高置床的温度。在 3 月上旬就把棚膜扣好封严，争取在播种之前，尽可能多地增加苗床的化冻深度，提高苗床温度。

种子处理

晒种：一般粳稻品种都有一定的休眠期。种皮的透性与种子的休眠期有密切关系。晒种可以使种皮细胞发生分离，这就加强了种皮对水和氧气的渗透性。种子内部的二氧化碳等抑制发芽的物质得到排除，也就解除了种子的休眠。同时还可以使淀粉部分水解为可溶性糖，供给种胚中的幼根、幼芽吸收。还可以使种子干燥一致，有利于吸水均匀和发芽整齐。这对保证水稻能催出壮芽有良好的作用。在播种前 15 天前后，选择晴好天气晒 2~3 天。要与盐水选种和药剂浸种的时间衔接好。晒种时把种子放在铺好的苫布或塑料布上。铺种厚度 5~6 厘米，经常用木锨翻动，防止戳破种皮。晚上收堆苫好，防止低温霜冻。

盐水选种：是一种比重选种法。比重越轻的种子，谷壳与米粒之间的空隙越大，米粒的发育越不充实。未充分成熟的种子谷粒不饱满，在播种前往往不能完成后熟作用而影响及时发芽。米粒中除了胚发育成幼苗外，其余部分是为幼苗生育初期准备的"口粮"——胚乳。这是幼苗 3 叶离乳前养分的主要来源。只有"奶足"幼苗发育才能良好。只有全部播种饱满的种子，才能不出楔子苗，获得匀整的健苗。因此，在浸种之前应该先进行选种。稻谷的米粒被颖壳包着，哪个饱满哪个空秕表面上看不出来。单纯靠风选也解决不了根本问题。只有用比重选种法才能从根本上解决这个问题。具体做法是：种子经晾晒后，用比重 1.13 的盐水选。盐水的配制方法是：把 11 千克盐对入 50 千克水中，充分溶化。这时盐水的百分比浓度是 18%，比重是 1.13。把一个新鲜鸡蛋放入对好的盐水中，刚好露出 5 分硬币面积的蛋壳。盐在水中的溶解度与水温关系不大。大粒盐需要在选种前一两天按要求的比例放入水中，充分溶化。盐水要一次性对好，留一部分备用。随着选种的进行，由于损耗，当盐水不足时，要补充盐水，而不是加水再加盐。一般按1公顷用种量70千克计，选种用盐约2.5千克。选种时，在盐水中沉底的为合格种子。先把在盐水中漂起的瘪谷放置一边，把沉底的饱满种子捞出，用清水洗去谷壳上的盐分后再放入浸种池中浸种。

药剂浸种：药剂浸种主要有两个作用。一是使种子吸足水分。当种子吸水量达到其自身重量的25%时就可以萌发，但慢而不齐；当吸收水分达到本身重量的40%时，就达到了饱和吸水量，促使种子细胞原生质由凝胶状态向溶胶状态转变。自由水的增加，为酶的活化和物质转化提供了条件。而且种子吸水以后，种皮透性增强，使氧气容易进入，呼吸作用加强，胚乳中贮藏的养分就能较快地分解和转运到胚中，促使胚细胞不断分裂和伸长，并吸水膨胀突破种皮，逐渐伸出幼根和幼芽。药剂浸种的第二个作用是消除种皮上的病原菌，防止苗期恶苗病等病害的发生。药剂浸种的方法是：把选好的种子用25%咪鲜胺乳油3 000~4 000倍液浸种（每100千克水加放25~33.2毫升药液）。种子与配好的药液比为1∶（1.2~1.5）。种子既要浸透，又要防止浸种时间过长。具体时间长短视温度而定。温度高，时间短；温度低，时间长。这里所说的温度是指水温而不是外面的气温，也不是室内或大棚内的温度。每1~2天上下翻动一次。浸好种子的标志是：稻壳颜色变深，呈半透明状态，透过谷壳隐约可见腹白和种胚。米粒易捏断，手碾成粉状，没有生心。此时种子的吸水量为其自身重量的40%，已达饱和吸水量，捞出即可催芽。要防止浸种时间过长，造成胚乳营养物质外渗、种子发黏而降低发芽力。

催芽晾芽："高温破胸，适温催芽，低温晾芽"。就是在30~32℃的温度下，使浸好的种子在1~2天内破胸露白。破胸后将温度降到25~30℃，经12~14小时，使芽长到2毫米以内。最后，在自然温度下摊成薄层散热降温，降到自然温度后播种。壮芽的标准是："根长一谷，芽长半谷"。要注意防止冻芽和温度过高而伤芽。

有氧催芽：这是一种催芽的新方法，就是在催芽过程中，不仅提供种子发芽所需的热量，还要为种子发芽的水中不断地供应氧气，让种子在有氧状态下发芽。这种方法有别于以往的浸种7~10天，再用蒸汽增温催芽。蒸汽增温催芽是一种厌氧状态下的发芽过程，如果温度调控不好，或者在芽势弱的情况下，催芽时间过长就会产生胚乳厌氧发酵而生成乙醇。有氧催芽时可不必浸种，在种子经过盐水选种之后，用清水洗净即可在有氧催芽装置中催芽，一般所需时间为48小时，这种方法在时间达到48小时之后，种子发芽率应达到实际种子发芽率的90%以上，其余未出全芽的种子，在晾芽时会在短时间内生出。在有氧催芽装置中，有臭氧（O_3）的发生装置。在消毒装置开启20～30分钟后，自动关闭，可有效地杀灭种子颖壳表面黏附的真菌、细菌。对恶苗病、细菌性褐斑病有良好的防治作用。此方法的优点是简单快捷，避免浸种温度不足导致出芽慢、减少浸种时翻动种子的用工。

苗床播种

合理基本苗的确定

"基本苗"是指本田单位面积上插植的总苗数。如100株/平方米，120株/平方米等。基本苗是群体的起点，苗床播种时就要定下来。正确确定基本苗数，是建立高光效群体极重要的环节。如果基本苗确定不合理，则群体的整个发展过程难以达到理想的要求。

基本苗计算公式：基本苗（X）为适宜穗数（Y）除以每个单株的成穗数（ES）。通式为：$X = Y/ES$。在任何地区，每个品种在某种栽培制度下，其单位面积的适宜收获穗数是比较稳定的，它是一个已知数。单株成穗数，决定于从移栽后到够苗期有几个有效分蘖叶龄数及其产生的有效分蘖理论值和分蘖发生率。够苗期也就是有效分蘖临界叶龄期，此期的茎蘖数应该与收获穗数相等。4个以下伸长节间的品种，够苗

期遵循 $N-n+1$ 叶龄期的规律。N 为总叶数，n 为伸长节间数。寒地稻作区的品种均系 4 个以下伸长节间的品种。因此，都遵循这一规律。如寒地中部稻作区以 11、12 叶品种为主栽和搭配品种。它们的够苗期分别是 8 叶期（$11-4+1$）和 9 叶期（$12-4+1$）。它们的适宜收获穗数约 550 穗/平方米。苗床播种量可以通过计算求得。目前生产上常用的机插秧插植规格多数为 30 厘米×12 厘米、30 厘米×13 厘米、30 厘米×14 厘米几种规格。现以千粒重 26 克、移栽叶龄为 3.1~3.5 叶龄、插植规格为 30 厘米×14 厘米的 11 叶品种为例，试计算如下。

30 厘米×14 厘米插植规格，每平方米穴数为 24 穴 [$1\div(0.3\times0.14)$]，由于机插秧播种量大，加上移栽时植伤等原因，1、2、3 节位上缺蘖较多。一般移栽后进入 4.5 叶后开始分蘖，至 8 叶末，有 3.5 个有效分蘖叶龄数（有理论分蘖 4 个）。基本苗为 120 苗/平方米左右（24 穴/平方米，每穴 5 苗左右），至 8 叶末，茎蘖数达 540 个/平方米左右，完成了高产所必需的穗数苗。最高茎蘖苗在 9 叶期，600 苗/平方米左右，茎蘖成穗率可达 87%~90%。单株平均成穗 4.5 个，1 个主茎穗，3.5 个分蘖穗，分蘖发生率为 87.5%，是基本苗合理充分利用分蘖的高产群体。目前市场上提供的种子发芽率一般为 85% 左右。这样每穴需要85%的芽率种子为6粒（5/0.85）。考虑到插植时伤苗率等方面的损失按15%计，每穴粒数大约需85%发芽率的种子7粒（6/0.85），才能保证最终550穗/平方米左右的收获穗数。

旱育苗是带土移栽。秧苗以土块为载体，一个小秧块就是一穴。小秧块是由横向与纵向送秧机构把规格（长×宽×厚）为58厘米×28厘米×2.5厘米的大秧块不断送给秧爪切成小秧块。插秧机的型号众多，现在以东洋PF45S为例，其纵向取秧量为8～17毫米，共10个档位，每调1格改变1毫米。横向移动调节装置设在插植部支架的圆盘上，上面标有"26"、"24"、"20"3个位置，分别表示秧箱移动1.08厘米、1.17厘米、1.4厘米。横向与纵向的匹配调整可形成30种规格不同的小秧块。最小的秧块面积为0.86平方厘米（1.08×0.8），最大秧块面积为2.38平方厘米（1.4×1.7）。如果每穴1个秧块的苗数是固定的，高产栽培希望秧块尽量大一些，这样每株秧苗在穴内的空间就相对宽裕一些，对育壮秧有利。在实际生产中，横向可形成20个小秧块，纵向可形成34条。这样，一个标准秧盘可形成的总秧块数为680块（34×20）。每个小秧块的面积为2.38平方厘米（58×28/680），相当于最大小秧块的面积。每公顷用苗的盘数为353盘（240 000/680）。按一般农户的种植习惯，还需加上

15%的备用苗即 353×1.15＝406 盘。

播 406 个秧盘需要发芽率为 85%的种子数为 406×680×7＝1 932 560粒，千粒重 26 克的种子，每千克为 38 462粒。这样 406 个秧盘用 85%发芽率种子为 50 千克（1 932 560/38 462）。按购入的种子盐水选出率 80%计。实际应购入的种子每公顷应该是 50/0.80＝62.5 千克。

操作过程：按 62.5 千克/公顷购种经晾晒以后放入 1.13 比重的盐水中，把漂起的放置一边，把沉底的种子捞出，用清水把谷壳上的盐冲洗后放入浸种池中浸种。把浸好的种子催芽。吸足水分的芽种重量约为干种子的 1.4 倍。也就是说购入的 62.5 千克种子，盐水选后还剩 50 千克发芽率 85%的干种子。经浸种催芽以后，芽种的重量为 70 千克（50×1.4），把 70 千克芽种播入 406 个秧盘里平均每个秧盘种子粒数为 4 737粒（50×38 462/406），平均每个秧块上落粒 7粒（4 737/680）。70 千克湿芽种播入 406 个秧盘平均每个秧盘播湿芽种为 172 克（70/406），以上运算过程仅供参考。因为涉及的条件如插植规格、芽率、选出率、伤苗率等诸多变数，所以不能千篇一律。各户要根据自己生产的具体情况而定。

秧田管理

把握住四个关键时期

第一关键时期——种子根发育期。

这个时期是指播种后到第一完全叶露尖，时间为7~9天。管理的重点是促进种子根长粗、伸长、须根多、根毛多。能吸收更多的养分，为壮秧打好基础。此期一般不浇水。过湿处散墒，过干处喷补，顶盖处敲落，露籽处覆土，在新覆土处要补水。温度以保温为主。棚内温度如达到33℃以上时开口降温，使棚内温度保持在32℃以下，最适温度为25~28℃，最低温度不低于10℃。播种以后如遇寒流，棚内瞬间最低气温不低于0℃，苗床土温不低于5℃，可不采取增温措施。如果温度再低，需要给大棚增温。20%~30%的苗一露尖，及时撤去地膜。

第二个关键时期——第一完全叶展开期。

从第一完全叶露尖到全部展开，时间为5~7天。管理重点是：地上部控制第一叶鞘高不超过3厘米，地下部促发5条鞘叶节根生长。此期温度最高不超过28℃，适宜温度22~25℃，最低不低于10℃。水分管理：床土过干处适当喷浇补水，保持旱田状态。切忌大水漫灌。

第三个关键时期——离乳期。

从第 2 叶露尖到第 3 叶展开，经两个叶龄期，历时 10～14 天。胚乳营养耗尽，故称离乳期。此期第 2 叶生长略快，第 3 叶生长略慢。管理重点是：地上部控制 1～2 叶叶耳间距和 2～3 叶叶耳间距各 1 厘米左右；地下部促发不完全叶节根 8 条健壮生长。要进一步做好灭草、防病、以肥调匀秧苗长势的管理工作。温度管理：2～3 叶期最高不超过 25℃。最适温度，2 叶期 22～24℃，3 叶期 20～22℃，最低不低于 10℃。特别是 2.5 叶期，温度不超过 25℃，防止早穗发生。早穗一般是指在正常抽穗前 1 个月左右，在不该抽穗的时候，从主茎上长出的小穗。如 11 叶品种是在 6 月 20 日前后出现。原因是一些感温性强的品种，在 2 叶 1 心时由于温度过高造成的。2 叶 1 心期正是 3 叶抽出期。此时在第 3 片叶内还包着 4、5、6 三个未展开的叶子和第 7 叶的生长点。如果此时棚内温度超过 25℃，一些感温性强的品种第 7 叶的生长点就会变成穗的生长点。学术上称此现象为"花发端"。按正常生育进程，第 7 叶应该在 6 月 20 日前后抽出并展开。但是，有些感温性强的早熟品种在 2 叶 1 心期由于温度过高，该生长点就变成了穗的生长点。所以当 6 月 20 日到来时，展现在你面前的就不再是第 7 片叶，而是一个小穗。早穗现象就是这样发生的。为了控制早穗的发生，需要在 2 叶以后，控制棚内温度不超过

25℃。特别是一些感温性强的品种更要注意。

水稻苗期病害的防治如下所述。

在寒地稻作区，水稻旱育秧在苗期最容易发生的病害就是死苗。死苗是指第一完全叶展开以后的幼苗死亡。可分为生理性和传染性两大类。生理性纯属不良环境造成，传染性多指不良环境诱致弱寄生性菌的为害所致。根据症状可分为黄枯型和青枯型两种。

黄枯型：发病从下部叶片开始。先从下部叶片的叶尖向叶基逐渐变黄，再从下部叶片向上延及心叶，最后基部变褐软化，全株呈黄褐色枯死。病株根系变暗色，根毛很少，易拔起。黄枯死苗多在一叶一心时就开始发生。初期多在生长矮小的弱苗上先发病，随后逐渐蔓延扩大，严重时一墩墩或成片枯死。

青枯型：病株最初为叶尖停止吐水，后心叶突然萎蔫，卷成筒状。随后下叶很快失水萎蔫卷筒，全株呈污绿色枯死。病株根系色泽变暗，根毛稀少。青枯死苗大多发生在二、三叶期，往往也一墩墩突然出现，迅速蔓延，严重的成片枯死，但在发病点周围仍有病健株交错现象。

病原：除纯属非传染性因素造成的生理性青枯以外，目前，导致大面积死苗的原因是低温寡照削弱幼苗的活力，诱使多种病菌侵害所造成。引起黄枯和青枯的病原菌种类很多，它们是广泛存在于土壤和污水中的弱寄生菌。主要包括腐霉菌、绵霉菌、镰刀菌、立枯丝核菌等。这些病原菌适宜的生活环境有一定的差别。比如，腐霉菌和绵霉菌适于在100%含水量的土壤环境下生存，丝核菌以土壤含水量50%~100%的条件下生长良好，而各种镰刀菌以土壤含水量10%~25%的低湿条件下生育良好。各地的育秧条件差别很大，有的是在旱田地做床，有的是在水田本田地做床；有的高燥，有的低湿；有的筑高台，有的在平地；有的挖渗水沟，有的不挖。育秧条件千差万别，感染的病菌也各有不同，防病时要做具体分析。引致传染性死苗的病原菌虽然在土壤中普遍存在，但它们的寄生性都很弱，只有当不良的外界环境条件影响，导致幼苗生机衰弱、抗性低时，病菌才得以乘虚而入。诸如气候条件、秧苗抗寒性、育秧方式、催芽质量、水肥管理等，都与秧苗生活力有关，其中尤以气候条件最密切。特别是低温寡照更是死苗的前奏。低温前的异常高温和冷后暴晴，温差过大，又是促使死苗发展快、危害程度加重的重要诱因。特别是2、3叶期，颖壳内贮藏的营养物质即将耗尽，幼苗体内的贮糖量不足，抗寒力最弱，若遇低温更易造成黄枯、青枯死苗。此时，1个月左右的育苗期已经过半，壮秧剂中杀菌剂的显效期已过，更有利于病菌繁殖。随着低温时间的延长，根内的可溶性糖与氨基酸等还会向土壤外渗，这就为腐霉等病菌繁殖提供了营养，为其侵入根部创造了条件。而且腐霉菌、绵霉菌又耐低温生长，故在零上低温的情况下，持续时间越长，低温强度越大，越易引起腐霉等病菌的侵入，导致死苗。如果低温前后出现异常高温，更会促使严重死苗。

防治方法：既然病害的发生主要是由不良环境和秧苗抗性两方面引起，防治就从这两方面着手。首先是从置床建设、床土改良、种子处理等方面入手，要按技术方案要求进行，不走样，为培育壮秧打好基础；另一方面，大棚旱育秧属保护地栽培，对不良气候条件有一定的抗御能力，通过一些调温控水的技术措施也可以改善秧苗的环境条件。如果这两方面都做到位，再选择一种质量好的壮秧剂，在一般情况下，育苗不会出问题。在壮秧剂里一般都含杀菌剂，对引起死苗的黄枯、青枯都有预防作用。目前常用的杀菌剂恶霉灵、甲霜灵的显效期 14 天左右。14 天以后的药效会逐渐变弱，此时的防病主要靠秧苗自身的抗病力。如果育秧前期床温低、水多（返浆水或浇入的水），或棚内气温高、不通风炼苗等原因使 2 叶 1 心以前根系发育不好苗不壮时，就很难抗御 2 叶 1 心以后的黄枯、青枯的发生。除了在育秧前期加强管理以外，最好在二叶期施一次防病的杀菌剂。目前防病的药剂多半是含甲霜灵和恶霉灵的混剂，对致病菌有很强的抑制作用。但是，酸碱度对恶霉灵的毒力有影响。pH 值 4 ~ 4.5 毒力最强，pH 值 9 ~ 10 毒力最弱，在用药的同时应该进行土壤调酸。药剂使用：用噁霉灵（按有效成分计 0.5 ~ 1 克/平方米）＋甲霜灵（按有效成分计 0.15 ~ 0.3 克/平方米）可湿性粉剂拌细沙土和固体酸均匀撒施于苗床上，并同时浇水。因为市场上固体酸的含酸量不同，所以，固体酸的用量要按说明书进行。也可用咪唑喹啉铜 33.5%（SC）100 毫升对水 15 升在秧苗 1 叶 1 心后立即喷雾，以预防病理性立枯、青枯病害的发生。

对于生理性青枯，由于没有致病菌感染，因此，使用药剂防治无效。只能通过加强管理来预防，主要措施是挖渗水沟保持旱田环境；温度低时注意保温，温度高时注意通风炼苗。在苗床上不要超量使用壮秧剂，也不要过量使用化肥。

水分管理：要三看浇水。一看早晚叶尖有无露珠；二看午间高温时新展叶片是否卷曲；三看苗床表面是否发白。如果早晚叶尖不吐水，午间新展叶片卷曲，床土表面发白，宜把经一上午晒热的井水，下午四点以后一次浇足。千万不要灌床。1.5 叶和 2.5 叶期各浇一次酸水（pH 值为 4.0 ~ 4.5）。特别是土壤 pH 值偏高的地方，更要注意。2.5 叶期酌情追肥。如果苗期有细菌性褐斑病，要在 3 叶展开时喷药防治。此期防治对水稻一生的细菌性褐斑病防治尤为重要。出现的症状：在 3 叶期的秧苗的第一叶（长度 1 厘米左右），叶尖或叶缘变成褐色，进而整个叶片也变成褐色。气温低的年景发病重，气温高的年景发病轻。严重的进一步延展到第 2 叶叶尖。防治方法：用氯溴异氰尿酸 50% 可溶性粉剂 30～50 克或咪唑喹啉铜33.5%（SC）50 毫升/公顷，对水 15 升，加入桶混助剂，喷施面积为 60 平方米苗床。一定要集中喷施，喷施后的秧苗全身都湿透，叶片稍稍下垂。无论任何年景，都应如此防治，严防带菌病苗进入本田。稻稗、稗草的防治：秧田后期杂草的防除主要是化学防除。可以用氰氟草酯 10% 乳油 10 毫升，对水 8～10 升喷施50～60 平方米苗床，氰氟草酯除草时间长，使用时要与计划插秧日期充分协调，留足 7～10 天的时间，也可以混用敌稗，在稗草 1.5～2.5 叶期，将 100 毫升敌稗 36% 乳油对水 10 升喷施叶面。使用面积 60 平方米左右。氰氟草酯的使用要求高浓度细喷雾，用压力大的电动喷雾器除草效果好。

　　第四个关键时期——移栽前准备。

　　适龄秧苗从移栽前 2～3 天开始，在秧苗不萎蔫的前提下，不浇水，蹲苗壮根。以利于移栽后返青快，分蘖多。移栽前一天做好"两带"。一带肥，即所谓"送嫁肥"，每平方米苗床用磷酸二铵 125～150 克；

二带药，带入本田防潜叶蝇的杀虫剂。

插秧

按着泡田、整地、施基肥、封闭灭草、沉降、插秧的顺序，事先要调整好工作节奏。从泡田到插秧，整个工作统筹安排，秧田和本田工作双管齐下，有序进行，不能顾此失彼。泡田、耙地与沉降、插秧在时间上要配合得当。一般水耙以后，沙土半天就可以达到适插状态，沙壤土2~3天，黏壤土3~4天，黏土5~6天。洼地一般需7天以上。在一些新旱改水、土壤黏性大的地方，由于土壤中沙粒含量少而黏粒的比例过大，仅靠一般的沉降还不能达到适插状态。需要把水排干，让土壤沉实，插秧前重新灌一薄层水再插秧，否则插植容易超深，严重时还容易陷插秧机。打浆整地的地块更容易出现上述现象。最终达到：当温度适宜开插时，秧龄已够，地也达到了待插状态。杜绝苗等地，也不能长时间地等苗。

泡田整地：要把垡块泡透需7天左右的时间。要根据计划插秧日期全面安排，防止插秧时沉降不足或沉降过度。如果沉降不足，插浅了飘苗，插深了影响返青和分蘖；沉降过度也会影响插秧质量，特别是容易伤苗。

基肥施用：有机肥是在旱整地前（如翻地或旋耕

前）均匀撒施。这里所说的基肥是指化肥。施用方法是：氮素化肥全年用量的30%，磷素化肥全年用量的100%，钾素化肥全年用量的60%，锌素化肥全年用量的100%，在最后一次水耙前均匀撒施，耙入全层。不要在泡田之前施肥，防止养分流失。把氮素化肥全年用量的10%在撒施除草剂封闭灭草时与除草剂一起施于表层。插秧初期，根主要分布在表层，表层地温高。这样施基肥，不仅可以使稻苗初期生长旺盛，达到早发的目的，后期有全层肥垫底，长势亦佳。这样，当秧苗插入本田时，根周围就有充足的肥料供应，随着根系的下扎，全层肥就会继续起作用。这样，既可以促使分蘖早生快发，又能使整个分蘖期都有充足的养分供应。

封闭灭草：水整地之后，把除草剂与全年用肥量10%的氮肥混拌均匀，也可以把除草剂与潮土、潮沙拌在一起，撒施于本田内。施药后要保持3~5厘米水层5~7天，缺水补水，不可加深水层。不提倡甩施除草剂，甩施用力不均，撒施不匀，不仅影响除草效果，也容易对水稻产生药害。

常见用于封闭灭草的除草剂有：

丁草胺（马歇特）60%乳油，1 500~2 250毫升/公顷，主要通过杂草幼芽或次生根吸收，在插秧前7~10天与30%苄嘧磺隆200克/公顷、或10%吡嘧磺隆 150 ~ 200 克/公顷、或 15% 乙氧嘧磺隆 150 ~ 200 克/公顷或 10% 醚磺隆 120 ~ 150 克/公顷混用，同时封闭本田的禾本科杂草和阔叶杂草。拌肥或拌土撒施。施用丁草胺一定要间隔 7 ~ 10 天再插秧，否则容易产生药害。药害症状：心叶抽出缓慢，根系死亡，不发新根，全田出现大面积黄色枯死症状。

丙草胺（瑞飞特）50% 乳油，900 ~ 1 200 毫升/公顷，有机质含量高的土壤用上限，有机质含量低的土壤用下限量。拌细沙土均匀撒施。若同时防除阔叶杂草方法同上。药害症状：新根短小，叶尖黄色枯死，不扎根。

莎稗磷（阿罗津）30% 乳油，900 ~ 1 200 毫升/公顷，拌细沙土均匀撒施。阔叶杂草同时防除方法同上。药害症状：水稻叶鞘开叉，根系短小，根细、根少。叶色呈深绿色。

恶草酮（农思它）12.5% 乳油，3 000 毫升/公顷，拌土均匀撒施，不可甩施，防止用药不均产生药害，影响除草效果。阔叶杂草发生严重的地块可适当拌入苄嘧磺隆、吡嘧磺隆等磺酰脲类除草剂。

使用说明

　　本书所说的寒地稻作区，是指张矢、徐一戎二位先生在其专著《寒地稻作》中称谓的，北纬43°以北，11月至翌年7月季节性冻土地带。包括黑龙江省全部，吉林省图门、桦甸以北和内蒙古东北部的部分地区。

　　本书的文字部分及附图，是以徐一戎先生等编写的《黑龙江省区寒水稻生育叶龄诊断技术要点》（试行）一书和与之配套的"栽培技术模式图"为基本框架，在凌启鸿先生"水稻叶龄模式理论"的指导下，参考了张洪程先生的《水稻新型栽培技术》和蒋彭炎先生的《科学种稻新技术》及我国著名气象学家竺可桢、日本水稻专家松岛省三、吉田昌一、佐佐木多喜雄等诸位先生的相关著作；根据寒地稻作区的气候特点，结合生产实际，选择稻农在生产中必备的知识组装配套、高度浓缩而成书。是寒地稻作区稻农在生产中可以直接使用的、比较通俗的一本用水稻叶龄来确定稻作农时的农用历书。

　　"历书"是按着一定的历法排列年、月、日、节气、纪念日等供查考的书。而《寒地稻作授时历》作为一本确定稻作农时的"农用历书",则是按着一定的自然规律排列年、月、日、节气、日平均气温、叶龄、水稻生育进程等供查考的《物候历》。这种以水稻本身为依据,以水稻的叶龄作物候标志确定稻作农时的作法与"我国农民两千年来向以物候定农时"(竺可桢)的作法是一脉相承的。本《授时历》虽然是以 11 叶品种为例绘制的,但是,用日平均气温和叶龄确定稻作农时的方法却适用于整个寒地稻作区。下面举几个关键农时的确定方法供读者参考。

　　1. 苗床播种期是日平均气温稳定通过 5℃ 时开始。

　　2. 本田插秧期是日平均气温稳定通过 13℃ 时开始。

　　3. 追施分蘖肥是返青即追施,大约 3.5 叶龄期。

　　4. 排水晾田期是在 $N-n$(N 为总叶数,n 为伸长节间数)叶龄末期,当茎蘖数达到计划收获穗数的 80% 时开始。在寒地稻作区主栽的 11、12、13 叶品种,即、7、8、9 叶龄末期,当茎蘖数达到收获穗数的 80% 时开始晾田。

　　5. 幼穗分化期,是从 $N-n+0.5$ 叶龄期开始。在寒地稻作区主栽的 11、12、13 叶品种分别是 7.5、8.5、9.5 叶龄期。

6. 有效分蘖临界叶龄期。有四个伸长节间的品种是 $N-n+1$ 叶龄期。在寒地稻作区主栽的 11、12、13 叶品种，均系有 4 个伸长节间的品种，它们的有效分蘖临界叶龄期分别是 8、9、10 叶龄期。

7. "拔节期是 $N-n+3$ 叶龄期"[6]。此期也是颖花分化期。在寒地稻作区主栽的 11、12、13 叶品种分别是 10、11、12 叶龄期。

8. 减数分裂始期是 $N-1+0.6$ 叶龄期。这与用叶龄余数 0.4 来表达是一致的。在寒地稻作区主栽的 11、12、13 叶品种分是 10.6、11.6、12.6 叶龄期。

9. 孕穗期是从剑叶抽出在剑叶叶枕与倒二叶叶枕距为零时开始，到抽穗期结束。此期是叶面积指数（LAI）最大时期，是封行适期。

10. 粒肥的追施期是在见穗到齐穗期之间。对植株小，穗数不足，落黄叶多的地块，在始穗期施用；反之，根据褪淡情况，在抽穗后期施用。

11. 在寒地稻作区最北部高寒稻作区栽培的 10 叶品种，伸长节间数为 $10 \div 3 = 3.3$，套用公式时可按 3 个伸长节间对待；最南部稻作区栽培的 14 叶品种，伸长节间数为 $14 \div 3 = 4.7$，套用公式时可按 5 个伸长节间对待。

还需要特别说明的是，我国著名水稻专家、"北大荒水稻之父"徐一戎先生对本书的出版给予了大力支持。不仅审阅了书稿，而且还亲自撰写了序言。虽已88岁高龄，仍然时时关注着水稻生产，牵挂着国家富强，粮食安全。还满怀激情地填词一首，抒发了对发展水稻科技的殷切希望。在这里，首先对徐一戎先生表示衷心的感谢！同时，对给予我们工作大力支持的黑龙江省农垦总局农业局和佳木斯气象局也一并表示感谢。

限于编制者个人水平，错误之处在所难免，恳请业内专家、农业科技工作者和广大稻农提出宝贵意见。

编制者

参考文献

［1］徐一戎，等．黑龙江省区寒地水稻生育叶龄诊断技术要点（试行）及附图．2004

［2］徐一戎，邱丽莹．寒地水稻旱育稀植三化栽培技术图历．哈尔滨：黑龙江科学技术出版社，1996

［3］张矢，徐一戎．寒地稻作．哈尔滨：黑龙江科学技术出版社，1990

［4］凌启鸿，张洪程，苏祖芳，凌励．稻作新理论——水稻叶龄模式．北京：科学出版社，1994

［5］张洪程．水稻新型栽培技术．北京：金盾出版社，2011

［6］凌启鸿，等．水稻精确定量栽培理论与技术．北京：中国农业出版社，2007

［7］蒋彭炎．《科学种稻新技术》第二版．北京：金盾出版社，2009

［8］上海师范大学生物系，上海市农业学校．水稻栽培生理．上海：上海科技出版社，1978

［9］［日］吉田昌一著．厉葆初译．游修龄校．稻作科学原理．杭州：浙江科学技术出版社，1984

［10］［日］松岛省三．稻作的理论与技术．北京：农业出版社，1981

［11］［日］松岛省三著．肖连成译．石秋炯，陈守田校．水稻栽培新技术．长春：吉林人民出版社，1978

［12］竺可桢．竺可桢文集．北京：科学出版社，1978

[13] 竺可桢，宛敏渭．物候学．长沙：湖南教育出版社，1999

[14] 韩湘玲，马思延．二十四节气与农业生产．北京：金盾出版社，2002

[15] 徐一戎．水稻优质米生产技术与研究．哈尔滨：黑龙江朝鲜民族出版社，1998

[16] 彭世彰，愈双思，张汉松，等．水稻节水灌溉技术．北京：中国水利出版社，1998

[17] 陆欣．土壤肥料学．北京：中国农业大学出版社，2002

[18] ［元］王祯撰．缪启俞，缪桂龙译注．东鲁王氏农书．上海：上海古籍出版社，2008

[19] 洪剑鸣，童贤明．中国水稻病害及其防治．上海：上海科学技术出版计，2006

[20] 刘长令．世界农药大全—除草剂卷．北京：化学工业出版社，2002

[21] 刘长令．世界农药大全—杀菌剂卷．北京：化学工业出版社，2002

[22] 辛惠普．北方水稻病虫害防治彩色图谱．北京：中国农业出版社，2001

[23] 吴竞仑．稻田杂草防除技术问答．北京：中国农业出版社，2008

[24] 李亚敏．农业气象．北京：化学工业出版社，2007

[25] 南开大学元素有机化学研究所．国外农药进展．北京：石油化学工业出版社，1976

[26] ［英］E.W 腊塞尔．土壤条件与植物生长．北京：科学出版社，1979

浪淘沙　科技种稻（代跋）

妙手绘嘉禾，同心同德。叶龄栽培续新歌。科技种稻与时进，生从大我。盛世喜讯多，奋力拼搏。数字时代酷生活。优质高产创佳绩，粮安富国。

注：大我即『道』，这里指自然规律。选自《道德经》。